KB187855

수학 소녀의 비밀노트

잡아라 식과 그래프

수학 소녀의 비밀노트
잡아라 식과 그래프

2014년 9월 30일 1판 1쇄 발행
2021년 8월 15일 2판 1쇄 발행
2022년 9월 15일 2판 2쇄 발행

지은이 | 유키 히로시
옮긴이 | 박은희
펴낸이 | 양승윤

펴낸곳 | (주)와이엘씨
서울특별시 강남구 강남대로 354 혜천빌딩 15층
(전화) 555-3200 (팩스) 552-0436

출판등록 | 1987. 12. 8. 제1987-000005호
http://www.ylc21.co.kr

값 17,500원

ISBN 978-89-8401-241-7 04410
ISBN 978-89-8401-240-0 (세트)

영림카디널은 (주)와이엘씨의 출판 브랜드입니다.
• 소중한 기획 및 원고를 이메일 주소(editor@ylc21.co.kr)로 보내주시면,
출간 검토 후 정성을 다해 만들겠습니다.

잡아라 식과 그래프

유키 히로시 지음
박은희 옮김
전국수학교사모임 감수

영림카디널

SUGAKU GIRL NO HIMITSU NOTE/SHIKI TO GRAPH
Copyright © 2013 Hiroshi Yuki
All rights reserved.

No part of this book may be used or reproduced in any manner whatsoever without written permission except in the case of brief quotations embodied in critical articles and reviews.

Originally published in Japan in 2013 by SB Creative Corp.
Korean translation Copyright © 2014 by YLC Inc.
Korean edition is published by arranged with SB Creative Corp., through BC Agency.

이 책의 한국어판 저작권은 BC에이전시를 통한 저작권자와의 독점계약으로 **(주)와이엘씨**에 있습니다.
신저작권법에 의해 한국어판의 저작권 보호를 받는 서적이므로 무단 전재와 복제를 금합니다.

감수의 글

사람들은 자신들이 만든 수많은 지적 문화유산을 어떻게 후손들에게 전달할까요?

그것은 바로 글에 의한 책과 언어에 의한 대화 형식을 통해 자신들이 지닌 정신과 문화유산을 후손에게 전달합니다. 때로는 음악이나 그림 등의 형식을 빌려 전달할 수도 있으나 그 모든 것이 언어적인 상징을 기반으로 하기에 대화의 형식을 벗어날 수 없습니다. 수학도 예외일 수는 없습니다. 결국 수학도 질문이 있는 대화 형식을 통해 자신들이 알고 있는 지식을 후손들에게 전달하는 것입니다. 형식화되고 유형화된 문제풀이만으로는 수학을 소통의 도구로 가져다 놓을 수 없습니다.

이 책은 생활 속에서 친구들과 이야기를 나누는 소재로 수학을 사용하고 있습니다. 이 대화는 자연을 바라보는 방식일 수도 있고 자연을 표현하는 방식일 수도 있습니다. 결국 문자와 수들의 조화로운 향연을 통해 때로는 방정식이, 때로는 항등식이, 때로는 함수가 등장하며 수식에 대해 눈을 뜨게 하는 소박한 성장이 있는 것입니다.

우리는 이 책을 통해 수식의 세계에서 도형의 세계로 넘나들며 "뛰어난 문제 해결자는 표현의 변화를 주는 자"라는 작가의 속삭임을 순간순간 들을 수 있습니다. 즉 수학을 사용해 문제를 푼다는 것은 현실의 세계에서 일정한 패턴을 인식하고 숫자와 기호의 나라를 거쳐 수학의 세계로 들어갈 수 있게 함을 의미하는 것입니다. 이 책은 수학기호를 사용하는 요령부터 좌표평면을 다루는 요령에 이르기까지 기본적인 수나 문자의 사용법도 편안하게 정리해 주고 있습니다.

"문제 해결자는 보이지 않아도 보이는 것이 있어요. 문제 해결자에게는 보지 않아도 되는 것을 보이지 않게 하는 능력 또한 갖추고 있어요. 문제 해결자는 변화의 순간을 놓치지 않으며 논리가 없는 문제 해결자는 존재하지 않는답니다."라고 속삭이는 작가의 소리를 몇 번 듣다 보면 어느 순간 여러분들은 이런 수학적 사고를 갖춘 문제 해결자가 되어 있을 것입니다. 여러분들이 이 책을 통해 수학 때문에 생긴 상처를 회복하길 소원합니다.

전국수학교사모임 회장

독자에게

이 책에서는 유리, 테트라, 미르카, 그리고 '나'의 수학 토크가 펼쳐진다.
무슨 이야기인지 잘 모르겠더라도, 수식의 의미를 잘 모르겠더라도
중단하지 말고 계속 읽어 주길 바란다.
그리고 우리가 하는 말을 귀 기울여 들어주길 바란다.
그래야만 여러분도 수학 토크에 함께 참여하는 것이 되니까.

등장인물 소개

나 고등학교 2학년. 수학 토크를 이끌어간다. 수학, 특히 수식을 좋아한다.

유리 중학교 2학년. '나'의 사촌 여동생. 밤색 머리의 말총머리가 특징. 논리적 사고를 좋아한다.

테트라 고등학교 1학년. 항상 기운이 넘치는 '에너지 걸'. 단발머리에 큰 눈이 매력 포인트.

미르카 고등학교 2학년. 수학에 자신이 있는 '수다쟁이 재원'. 검고 긴 머리와 금속테 안경이 특징.

어머니 '나'의 어머니.

미즈타니 선생님 내가 다니는 고등학교에 근무하고 계신 사서 선생님.

차례

제2장 연립방정식의 어필

제3장 수식의 실루엣

제4장 순수한 반비례

프롤로그

이것은 대화다.

때로는 중학생 유리와 함께,

때로는 고등학생 테트라와 미르카와 함께,

우리가 함께 펼쳐 나가는 대화다.

대화에는 모든 것이 고스란히 담겨 있다.

의문도, 해답도, 찬성도, 반론도, 칭찬도, 불만도.

공간도, 시간도.

그리고…, 비밀도.

우리는 대화를 통해 비밀을 공유한다.

우리는 식과 그래프에 숨겨진 비밀을 공유한다.

예를 들면, 항등식.

예를 들면, 연립방정식.

예를 들면, 포물선.

예를 들면, 쌍곡선에 숨겨진 비밀을….

이것은, 대화다.

친구들과 함께 체험하고, 비밀을 나누는 대화다.

어려우냐 쉬우냐는 중요하지 않다.

풀 수 있느냐 없느냐도 중요하지 않다.

진지하게 몰두하고, 진지하게 생각한다.

진지하게 묻고, 진지하게 대답한다.

함께한다는 체험 자체가 우리의 새로운 비밀이 된다.

비밀을 푸는 대화 자체가 우리의 새로운 비밀이 된다.

그 누구도 알 수 없고,

그 누구도 빼앗을 수 없는,

그런 소중한 비밀이 된다.

그래, 이게… 우리의 대화다.

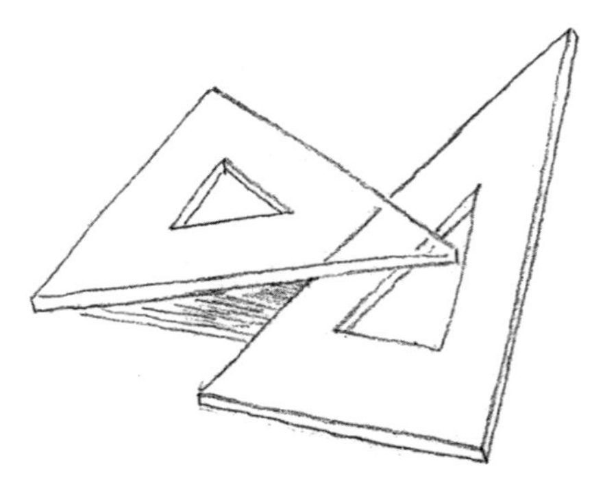

제1장

문자와 항등식

"그리고 너는 문제 해결자가 되는 거지."

1-1 도서실에서

테트라 선배님, 선배님, 선배님!

나 테트라, 오늘도 힘이 넘치는구나.

테트라 넵!

나 그래도 여긴 도서실 안이니까 조용히 해야지.

테트라 아, 그, 그렇네요.

언제나 부산스러운 에너지 걸 테트라는 나의 1년 후배로, 고등학교 1학년이다. 단발머리에 매력 포인트인 큰 눈. 우리는 제법 친한 사이다.

수업이 끝나면 거의 매일 도서실에서 수다를 떤다. 수다의 내용은 물론 수학. 오늘도 우리의 수학 토크가 시작된다.

테트라 본론부터 이야기하자면, 선배님께 상담 받을 게 있어요.

나 응, 그래.

테트라는 내 옆에 앉아 이야기를 시작한다. 달콤한 향기가 풍겨 왔다.

테트라 저는 수학 공부할 때 사용하는 문자가 너무 신경 쓰여요. 항상 '왜 이런 문자를 쓰는 걸까? 다른 문자는 쓰면 안 되나?'하는 생각이 들어요…. 그렇지만 수학 수업 중에 그런 걸 느긋하게 생각할 여유는 없잖아요.

나 예를 들면 어떤 거?

테트라 네?

나 예를 들어 넌 어떤 식을 보고 그렇게 생각했는데?

테트라 네, 네에?

나 무슨 식이든 괜찮으니까 구체적으로 말해 봐.

테트라 아, 네. 그러니까….

테트라는 큰 눈동자를 굴리면서 생각하기 시작했다.

테트라 예를 들면 이런 식이에요.

$$(a+b)(a-b) = a^2 - b^2$$

나 아, 그런 식 말이지.

테트라 x와 y로 되어 있는 참고서도 있었어요.

$$(x + y)(x - y) = x^2 - y^2$$

나 이건 항등식의 한 종류야.

테트라 항등식…이요?

나 응. 항등식은 어떤 값을 넣더라도 항상 성립하는 등식을 뜻해. 예를 들자면, $(a + b)(a - b) = a^2 - b^2$은 a와 b에 어떤 값을 넣어도 항상 성립하니까 항등식으로 볼 수 있지. 엄밀히 말하면 'a와 b에 대한 항등식'이라고 할 수 있어. a와 b에 어떤 값을 넣어도 양변이 항상 같아서 등식이 성립하는 식. 그게 항등식이야.

테트라 그렇군요!

나 '합과 차의 곱은 제곱의 차'로 기억하면 쉬워. '$a + b$로 나타낸 합'과 '$a - b$로 나타낸 차'를 곱한 결과는, a와 b에 어떤 수를 대입하더라도 $a^2 - b^2$과 같아져.

테트라 '합과 차의 곱은 제곱의 차'란 말이죠…. 그럼, $(x + y)(x - y) = x^2 - y^2$은요?

나 응, $(x + y)(x - y) = x^2 - y^2$은 x와 y에 어떤 값을 넣어도 성립해. 이건 'x와 y에 대한 항등식'이네.

테트라 어느 쪽이 나은 거죠? a와 b, x와 y 중에서요.

나 이 경우엔 a와 b, x와 y, 어느 쪽이어도 괜찮아.

$$(a+b)(a-b)=a^2-b^2 \quad a\text{와 } b\text{에 대한 항등식}$$

$$(x+y)(x-y)=x^2-y^2 \quad x\text{와 } y\text{에 대한 항등식}$$

테트라 아…, 어느 쪽이든 상관없는 거네요. 안심이다!

테트라는 양손을 가슴에 모으고 말했다.

나 수식에 사용된 문자가 많이 신경 쓰이는 모양이네.

테트라 네…. 수학에서는 알파벳으로 된 문자가 여럿 나오잖아요. a, b, c나 x, y, z처럼요. 가끔 α(알파), β(베타), γ(감마) 같은 그리스문자까지 나와요.

나 그래. 확실히 수학에서는 여러 종류의 문자를 쓰지.

테트라 제가 문자에 대해 지나치게 신경 쓰고 있는 걸까요? 그런 거에만 신경 쓰게 되면, 시간만 많이 잡아먹고…. 전 너무 맹한가 봐요.

나 아냐, 무슨 소리야. 허둥대면서 읽는 것보다 훨씬 나아. 어떤 문자가 사용되었는지 주의 깊게 살피는 건 아주 중요해.

문자가 나올 때마다 '이 문자는 무엇을 나타내고 있을까'를 생각하며 하나 하나 확인해 보는 것도 중요하고.

테트라 문자가 무엇을 나타내는지 하나 하나 확인해 본다….

나 그건 아주 좋은 자세야.

테트라 정말요?

나 원래 수식은 꼼꼼히 읽어야 해. 수식을 대충 대충 읽는 건 좋지 않아. 찬찬히 살피면서 읽는 것이 중요하지. 그러니까 어떤 문자가 사용되었는지 꼼꼼하게 살피며 읽어나가는 건 좋은 자세인 거야.

테트라 그렇네요!

테트라가 방긋 미소 지었다.

1-2 같은 문자가 어디에 있는가

나 그러니까, 수식을 읽을 때는 '같은 문자가 어디에 있는지'도 확인하면 좋아.

테트라 같은 문자요?

나 응, 예를 들면 아까 이야기했던 항등식을 다시 한 번 살펴보자.

테트라 네.

$$(a + b)(a - b) = a^2 - b^2$$

나 여기에서 a와 b라는 문자가 여러 번 나오잖아. 수식에서는 '같은 문자는 같은 것을 가리킨다'는 약속이 있어. 그러니까 좌변의 $(a + b)(a - b)$에 나오는 a와, 우변의 $a^2 + b^2$에 나오는 a는 같은 걸 가리키고 있는 거지. 이 경우엔 같은 값이라는 거야.

테트라 음, 잠깐만요. 무슨 말인지 잘 모르겠는데, a는 언제나 같은 값이라는 건가요?

나 이 항등식 $(a + b)(a - b) = a^2 - b^2$ 안에서는 같다는 의미야. a는 모두 같은 값. b도 모두 같은 값. a와 b는 같은 값일 수도, 다른 값일 수도 있지.

테트라 네. 일단 선배님께서 설명해 주신 건 알겠는데요….

나 너무 당연한 이야긴가?

테트라 네…. 죄송해요.

나 아냐, 괜찮아. 당연한 이야기가 맞는 걸, 뭐. 그래도 $(a +$

$b)(a-b)=a^2-b^2$에서 a와 b에 구체적인 수치를 넣어보면 재미있을 거야.

테트라 재미… 있다고요?

나 응. 예를 들어서 $a=100$, $b=2$라고 해 볼까? a에 100을 대입하고, b에 2를 대입하는 거지.

테트라 ?

나 항등식에 나오는 문자에는 어떤 값을 넣어도 괜찮아. 예를 들어 a에 100을 대입하고, b에는 2를 대입해도 되는 거지. 구체적인 값을 대입해도 등식은 성립하잖아. 그렇지?

테트라 네, 맞아요.

나 그러니까 이런 식을 만들 수 있는 거야.

$(a+b)(a-b)=a^2-b^2$	'합과 차의 곱은 제곱의 차'의 항등식
$(\underline{100}+b)(\underline{100}-b)=\underline{100}^2-b^2$	예를 들어, a에 100을 대입했다.
$(100+\underline{2})(100-\underline{2})=100^2-\underline{2}^2$	예를 들어, b에 2를 대입했다.
$\underline{102}\times\underline{98}=100^2-2^2$	좌변을 계산했다.
$102\times 98=\underline{10000}-\underline{4}$	우변을 계산했다.

테트라 네…. 알겠어요. 그런데 이게 무슨 의미가 있나요?

나 결국 우린 이런 식을 얻을 수 있는 거지.

$$102 \times 98 = 10000 - 4$$

테트라 죄송해요, 선배님. 무슨 말씀을 하시는 건지 아직 잘 모르겠어요.

테트라가 미안한 듯이 말했다.

1-3 암산이 어렵다고?

나 우선, 이 식의 좌변을 자세히 살펴보자.

$$\underbrace{102 \times 98}_{\text{좌변}} = 10000 - 4$$

테트라 네.

나 좌변의 102×98을 봐도 계산 결과를 금방 알 수가 없어. 102×98을 암산하는 건 좀 어렵잖아.

테트라 저, 암산은 잘 못해요. 102×98은, 그러니까….

나 아냐, 아냐. 계산할 필요는 없어. 이제 우변을 잘 봐.

테트라 네.

$$102 \times 98 = \underbrace{10000 - 4}_{\text{우변}}$$

나 우변은 10000−4야. 이 정도는 암산으로 풀 수 있지. 뺄 때 받아내림에 주의하고.

테트라 아, 그렇군요! 그럼, 10000−4는 9996이죠. 4를 더하면 10000이 되니까요.

나 응. 그러니까 암산하기엔 어려운 102×98이라는 식을 간단히 암산 가능한 10000−4라는 식으로 변환한 게 되는 거야.

테트라 아….

나 물론 그렇게 하려면 102×98이라는 식을 보고 102가 100+2고, 98이 100−2와 같다는 것을 알아채야 하겠지만.

테트라 그렇겠네요.

나 내 말은 $(a+b)(a-b) = a^2 - b^2$과 같은 항등식에 구체적인 값을 넣으면 재미있는 식을 만들 수 있다는 거야. 항등식에 직접 구체적인 값을 여럿 대입하면 재미있을 거야.

테트라 ….

나 수학과 관련한 글에서 흥미로운 암산법이 종종 소개되는데, 항등식을 사용해서 만들어진 것이 많아. 소개된 글을 읽는 것도 좋지만, 스스로 해보는 게 훨씬 더 재미있어.

미르카 뭐가 재미있다는 거야?

나 앗!

테트라 아앗!

나 깜짝이야…. 미르카는 발자국 소리도 안 내는구나.

미르카 그것보다, 뭐가 재미있다는 거야?

미르카는 나랑 같은 반 친구로, 고등학교 2학년이다. 검고 긴 머리, 금속테 안경. 수학을 무척 잘 하는 재원이다. 그 누구도 미르카만큼 잘 하진 못한다. 게다가 서 있는 모습이 예뻐서, 나는 항상 넋을 잃고 미르카를 보게 된다. 미르카는 내가 노트에 쓴 메모를 슬쩍 쳐다보았다.

미르카 흠…. '합과 차의 곱은 제곱의 차'구나.

테트라 선배님께 항등식에 대한 설명을 들었어요.

$$(a+b)(a-b)=a^2-b^2$$

미르카 이 항등식은 직사각형을 정사각형으로 변환시키고 있군.

테트라 네? 무슨 말씀이세요?

미르카 그림을 그려보면 쉽게 알 거야, 테트라.

미르카는 슥슥 그림을 그렸다.

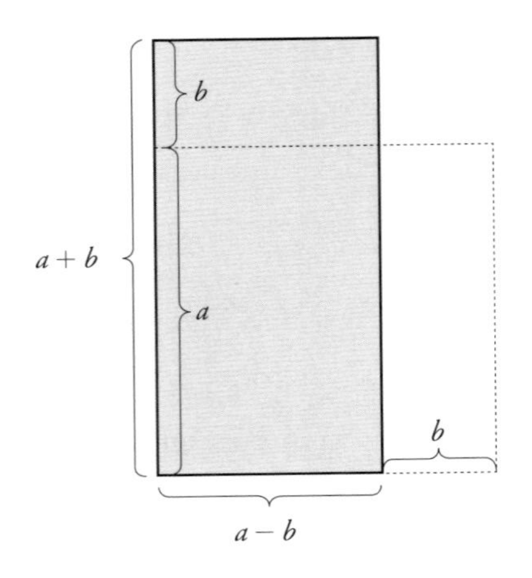

$(a + b)\ (a - b)$를 나타내는 직사각형

나 아, 그렇네!

테트라 이건…. 무슨 그림인가요?

나 미르카! 이건 세로의 길이가 $a + b$고, 가로의 길이가 $a - b$

인 직사각형이네. 이 직사각형의 넓이는 $(a+b)(a-b)$구나. 곱셈이야.

미르카 그리고 이게 a^2-b^2을 나타내는 도형이지. 2개의 정사각형으로 만드는 거야.

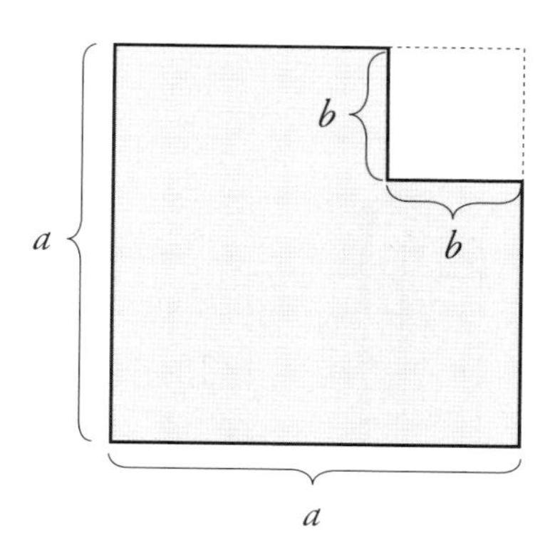

테트라 2개의 정사각형이요? 무슨 이야기죠?

나 우선 넓이가 a^2인 커다란 정사각형이 있고, 그 오른쪽 윗부분을 넓이가 b^2인 작은 정사각형 모양으로 잘라낸 거네.

미르카 맞아.

미르카는 짧게 답하고는 검지를 빙글 빙글 돌린다. 그녀는 수학 이야기를 할 때 정말 신나 보인다.

테트라는 그림을 유심히 보고 있다. 항상 부산스럽지만 수학에 관해서라면 아주 진지해진다.

테트라 알겠어요! 직사각형 위에 있는 작은 직사각형을 오른쪽 아래로 이동시키면 되니까…. 넓이는 변하지 않는다는 건가요!

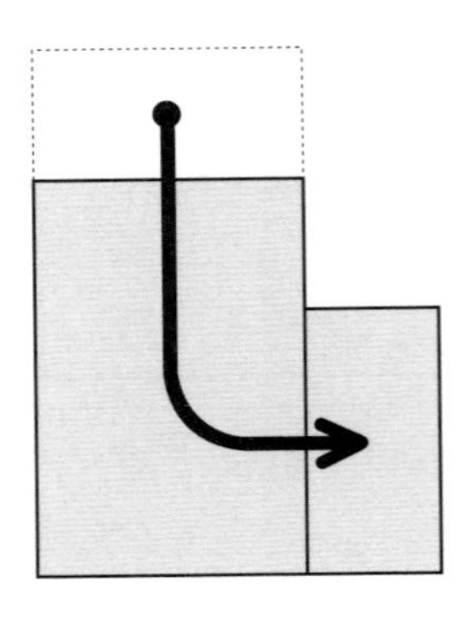

나 그런 거지. $(a+b)(a-b)=a^2-b^2$이라는 식과 비교하면 잘 알 수 있어. 좌변의 $(a+b)(a-b)$는 직사각형의 넓이를 나타내지. 우변의 a^2-b^2은 커다란 정사각형의 넓이에서 작은 정사각형의 넓이를 뺀 게 되고.

테트라 그렇군요….

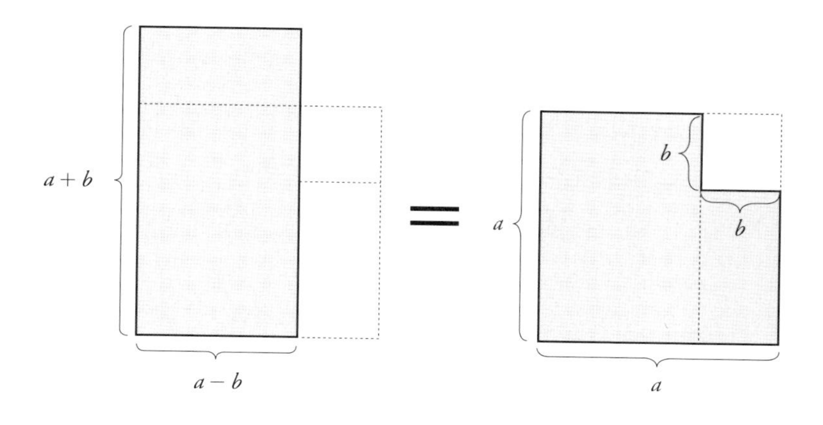

나 그러니까 이 2개의 도형으로 $(a+b)(a-b)=a^2-b^2$이 항등식이라는 걸 설명하고 있는 거야.

나의 말에 미르카는 천천히 고개를 끄덕인다. 희미하게 시트러스 향이 풍긴다.

미르카 여기서는 도형으로 설명하고 있는 거야. 그러니까 'a와 b는 모두 0 이상의 실수이다'라는 암묵적인 가정이 포함되어 있어. 그것만 잊어버리지 않으면 도형으로 해석하는 것도 꽤나 재미있어.

테트라 어, 지금 말씀하신 건 무슨 뜻이죠?

미르카 항등식 $(a+b)(a-b) = a^2 - b^2$은 임의의 값 a, b에 대해 성립해. 즉, 어떤 값이어도 되는 거야. 하지만 도형을 이용한 설명으로는 $a \geqq 0$과 $b \geqq 0$를 가정하고 있어. '길이를 나타내는 값'으로 a와 b를 사용하고 있는 거지. 길이는 음수, 즉, 마이너스 값은 되지 않으니까. 덧붙여 말하자면 $a \geqq b$도 가정하고 있어.

테트라 길이를 나타내는 값…. 그렇구나, 그런 뜻으로 말씀하신 거였군요.

나 그렇구나, 미르카. 도형으로 설명하면 이해하기 쉽지만, 식으로 증명할 때와는 달리 새롭게 포함된 가정을 잊어버리기 쉽네.

테트라 아! '이 문자는 무엇을 나타내고 있는가'로군요!

나 맞다! 정말 그렇네, 테트라.

미르카 무슨 이야기니?

나 아까까지 계속 테트라랑 이야기하고 있었어. 수학에서 문자가 나올 때마다 '이 문자는 무엇을 나타내고 있는가'를 하나 하나 확인하는 것이 중요하다고.

미르카 흐음…. 계속 둘이서 이야기하고 있었다고?

나 응? 으, 응.

테트라 항등식 $(a+b)(a-b) = a^2 - b^2$에 구체적인 값을 대

입해서 암산으로 102×98도 계산할 수 있다고 설명해 주셨어요.

$(a+b)(a-b)=a^2-b^2$	'합과 차의 곱은 제곱의 차'를 나타내는 항등식
$(100+2)(100-2)=100^2-2^2$	$a=100$, $b=2$를 대입한다.
$102\times98=10000-4$	102×98은 $10000-4$로 계산해도 된다.

테트라 그러니까 102 × 98은 10000 − 4 = 9996인 거예요!

미르카 흠.

1-4 식의 전개

나 학년이 올라가면 수학 시간에 배우는 내용이 어려워지는데, 그 이유 중 하나가 문자를 사용한 식이 나온다는 거잖아. 처음으로 수학에서 문자를 사용하는 법을 배우면 굉장히 무미건조하게 느껴져.

테트라 그러고 보니 저도 그랬어요. 무미건조하다고까지는 생각하지 않았지만, 무척 괴로웠어요. 매일 매일 문자가 포함된 식의 변형만 나오고. 뭐하고 있는 건지 도통 알 수가 없었어요. 아주…, 답답했어요.

나 나중을 생각하면 아주 중요하잖아. 그때 하는 연습이.

미르카 너는 수식 변형을 좋아한다고 했었지.

나 맞아. 나는 식의 전개나 인수분해가 아주 재미있어. 그래서 중학교 땐 방과 후에 도서실에서 혼자서 계산 연습을 자주 했어. 식을 전개한 뒤 그것을 역으로 인수분해하기도 하고…. 반복해서 계산하다 보면 어느새 외워지곤 했지. 아까 이야기했던 항등식 $(a+b)(a-b)=a^2-b^2$도 $(a+b)(a-b)$를 하나 하나 전개하는 게 좋았어.

$$
\begin{aligned}
&(a+b)(a-b) \\
&= \underline{(a+b)}a - \underline{(a+b)}b && (a+b)\text{를 } (a-b)\text{의 } a\text{와 } b\text{에 각각 곱한다.} \\
&= \underline{aa+ba} - (a+b)b && (a+b)a \text{ 부분을 전개한다.} \\
&= aa+ba - \underline{(ab+bb)} && (a+b)b \text{ 부분을 전개한다.} \\
&= aa+ba \underline{-ab-bb} && \text{괄호를 벗긴다.}
\end{aligned}
$$

$= aa + \underline{ab} - ab - bb$ ba를 ab로 바꾼다.

$= aa - bb$ $ab - ab$는 0이 되어 소거된다.

$= \underline{a^2} - bb$ aa를 a^2으로 바꾼다.

$= a^2 - \underline{b^2}$ bb를 b^2으로 바꾼다.

나 이렇게 $(a + b)(a - b)$를 전개하면, $a^2 - b^2$이 되지. 이 경우엔 a와 b가 어떤 값이어도 성립해. 도형을 사용해서 설명할 때 나왔던 조건들은 필요 없어지지. 식을 전개한 것뿐이니까. 이런 계산 연습을 했더니 나도 모르는 사이에 $(a + b)(a - b) = a^2 - b^2$도 외워졌어.

테트라 ….

나 왜 그래, 테트라.

테트라 아, 아니에요…. 아무 것도 아니에요. 항등식에 대해 여러 모로 생각해 보니 재미있네요. 항등식을 이용하면 계산을 쉽게 할 수 있다는 것도 재미있고, 미르카 선배님께서 보여주신 도형을 사용해서 설명하는 것도 흥미로워요.

나 응, 그렇네.

테트라 네. 그러니까…. 역시 제대로 만들어 볼까 싶어요.

미르카 뭐를 만든다는 거야?

미즈타니 선생님 하교 시간이에요.

미즈타니 선생님은 우리가 다니는 학교에서 일하시는 사서 선생님이다. 선생님은 항상 꼭 끼는 치마에 선글라스로 보일 정도의 색이 진한 안경을 쓰신다. 하교 시간이 되면 도서실 한 가운데에서 '하교 시간이에요'라고 큰 목소리로 외치신다.

미즈타니 선생님의 목소리는 하교 시간임을 알리는 동시에 우리들의 수학 토크가 일단 마무리될 시간임을 알리는 것이기도 하다.

"뛰어난 문제 해결자는, 뛰어난 해독자이기도 하다."

제1장의 문제

우리는 모두 자신의 힘으로 발견한 내용을 가장 쉽게 익힌다.

— 도널드 크누스(수학자, 스탠퍼드 대학교 명예교수)

●●● 문제 1-1 (식의 전개)

아래 식을 전개하시오.

$$(x + y)^2$$

(해답은 210쪽에)

●●● 문제 1-2 (식의 계산)

x가 3, y가 -2일때 아래 식을 계산하시오.

$$x^2 + 2xy + y^2$$

(해답은 211쪽에)

●●● 문제 1-3 (합과 차의 곱)

다음을 계산하시오.

$$202 \times 198$$

(해답은 212쪽에)

제2장

연립방정식의 어필

"문제 해결자는 다른 차원의 세계로 문제를 옮겨 간다."

2-1 말로 하는 건 어려워

말로 표현하는 것은 어렵다. 말로 표현하는 것은 서투르다. 마음속에 품고 있는 내용을 말로 표현하는 것도 어렵고, 그 말을 상대에게 전하는 것도 어렵다. 그리고 그 말이 상대에게 정말 잘 전해졌는지 확인하는 것도 어렵다.

아니다, 틀렸다. 어려운 게 아니다. 두려운 거다. 자기 마음을 말로 표현하는 것도, 말을 상대에게 전달하는 것도, 모두 두렵다. 전해지지 않을 것 같아서 두려운 게 아니다. 전해질까 봐 두려운 것이다.

내 그릇의 크기가 작다는 것을, 부족하다는 것을 상대가 알아차릴 수도 있기에 나는 입을 굳게 다물어 버리게 된다.

오늘은 토요일. 거실에서 이런 저런 생각을 떠올리고 있던 차에 유리가 찾아왔다.

2-2 집에서

유리 안뇽. 오빠야, 뭐하고 있옹?

나 독서 중이야, 유리야.

유리 우엑, 또 수학책이잖아! 오빠야는 정말 수학을 좋아하는구냐옹.

말총머리를 한 유리는 중학교 2학년인 내 사촌 여동생으로, 근처에 산다. 사촌 동생이지만 어린 시절부터 함께 놀면서 자랐기 때문에 나를 항상 '오빠야'라고 부른다. 우리 집이 마치 자기네 집인 양 편하게 찾아온다. 중학생씩이나 되었는데도, 종종 '냐옹'으로 끝나는 고양이 말투를 쓴다.

나 좋아하지. 그런데 유리야, 뭘 갖고 온 거야?

유리 프린트랑 노트. 숙제하러 온 거다!

유리는 뿔테 안경을 척하고 썼다. 그리고는 거실 탁자에 노트를 펼쳐놓는다.

나 뭐가 대단한 거라고 이 야단이야.

유리 숙제를 하는 거니까 대단한 거라고….

나 그게 아니지. 어…, 연립방정식이네?

유리 조용히 해 봐, 지금 생각 중이잖아….

●●● 문제

다음 연립방정식을 푸시오.

$$\begin{cases} x + y = 5 \\ 2x + 4y = 16 \end{cases}$$

나 간단하네, 유리야. 우선….

유리 말하지 말라고 했잖아!

나 응, 그랬었지.

조용히 공부하고 싶으면 자기 집에서 하면 됐을 텐데, 유리는 일부러 우리 집까지 와서 숙제를 한다. 잠시 기다리자 유리가 고개를 들었다.

유리 휴우. 간단하네.

나 꽤나 시간이 걸렸지만 말이지. 어디보자, 오빠에게도 보여 주렴…. 앗, 뭐야, 왜 이렇게 엉망진창으로 쓴 거야.

$2x + 2y = 10$

$2x + 4y = 16$

$2y = 6$

$y = 3$

$2x + 6 = 10$

$x = 2$

유리 정답이지? 쉬웠다고, 쉬웠어.

나 유리야, 답이 뭔지 제대로 안 썼잖아.

유리 어? 마지막에 $y = 3$이랑 $x = 2$가 답이야.

나 있지, 유리야. 답은 맞지만, 이렇게 쓰면 안 돼. 등호도 반듯하지 않잖아.

유리 웅? 무슨 말이야? 답만 맞으면 되는 거잖아!

유리는 불만인 듯 볼멘소리로 말했다.

2-3 답은 채점하는 사람에게 보내는 메시지

나 그러니까, 유리야. '답은 채점하는 사람에게 보내는 메시지'니까, 이렇게 식을 아무렇게나 막 쓰면 안 돼.

유리 답은 맞았지?

나 답이 '틀렸다'고 말하는 게 아냐. 채점하는 사람에게 '전달되지 않는다'고 말하고 싶은 거야.

유리 ?

나 잘 들어, 유리야. 어쨌든 네가 쓴 답을 해독하면 '아, 이 답을 쓴 사람은 이렇게 생각한 거구나'라고 추측은 할 수 있어. 열심히 추측한다는 경우에 한해서 말이지. 하지만, 만약 진짜 그렇다면 채점하는 사람에게 너무 많은 걸 요구하는 거야.

유리 뭐…. 그래서 뭐!

나 문제를 풀어서 답을 쓸 때는 그걸 읽을 사람에게,

- 나는 이렇게 생각했습니다.
- 그래서 이렇게 풀겠습니다.
- 보세요. 이렇게 정답을 구했습니다.

라는 식으로 어필하는 거야.

유리 어필이 뭔데?

나 어필(appeal)이란 말이지…. 뭐라고 하면 되려나. 강하게 자신의 뜻을 알리거나 상대방이 그것을 확실히 알 수 있도록 주장하는 거야.

유리 뭐, 어쨌든…. 그럼, 어떻게 하면 되는데? 어려운 얘기야?

나 아니, 전혀 안 어려워. '무엇을, 어떻게 생각했는가'를 알 수 있도록 순서를 정해서 적어 나가면 되니까. 처음엔 문제에 나온 연립방정식을 그대로 쓰는 거지.

유리 다 썼어.

$$x + y = 5$$
$$2x + 4y = 16$$

나 그것보단, 연립방정식을 푸는 거니까 이렇게 쓰는 게 좋을 것 같아.

- 왼쪽에 중괄호({)를 써서 두 식이 연립되어 있음을 표현한다.
- 등호(=)가 나란한 위치에 있도록 한다.

• 어떻게 풀었는지를 설명하기 쉽도록 식에 ①과 ②를 붙인다.

유리 알겠어, 알겠다구. 나는 순순히 오빠야 말을 잘 들을 거라구.

$$\begin{cases} x + y = 5 & \cdots ① \\ 2x + 4y = 16 & \cdots ② \end{cases}$$

나 그럼, 유리는 처음에 어떻게 했어?

유리 음… 그러니까, 2를 곱해서 뺐어.

나 ②에서 ①에 2를 곱한 것을 좌변은 좌변끼리, 우변은 우변끼리 빼서 $2x$를 지웠네.

$$\begin{array}{rrcl} & 2x + 4y & = & 16 \quad \cdots ②\text{에서} \\ -) & 2x + 2y & = & 10 \quad \cdots ① \times 2\text{에서} \\ \hline & 2y & = & 6 \end{array}$$

유리 응, 맞아.

나 거기서 말야, 유리가 지금 말한 걸 잘 정리해서 쓰면 돼. 그러니까 '무엇에 2를 곱했고, 어디에서 뺀 건지'를 간결하게 적는 거지. ①의 양변에 2를 곱해서, ②에서 뺀 거잖아? 글로 적어도 되고, 식을 사용해서 ② − ① × 2라고 써도 돼.

유리 네에…, 네에….

나 제대로 하려면 '② − ① × 2를 계산해서 $2y = 6$을 얻었다'처럼 써야겠지만, 답안지에 쓰는 거라면 간단히 '② − ① × 2에서'라고만 해도 되겠지.

$$\begin{cases} x + y = 5 & \cdots ① \\ 2x + 4y = 16 & \cdots ② \end{cases}$$

② − ① × 2에서

$$2y = 6$$

나 그럼, 그 다음은?

유리 $2y = 6$이잖아. 2로 나눴어.

나 거기선 '양변을'이라는 표현을 덧붙여 주면 좋겠어.

⋮

$$2y = 6$$

양변을 2로 나누면

$$y = 3$$

유리 그러면, $x + y = 5$니까 y가 3이면 x는 2야.

나 응. 그렇게 하면 되는데, 만약 정리해서 쓴다면 '①에 $y = 3$을 대입해서'라고 하면 되겠네. 일부러 식에 ①과 ②라는 이름을 붙였으니까, 그 번호를 잘 활용하면 답안을 작성하기 쉬워져. 이름으로 부르기 위해 붙이는 거니까.

⋮

①에 $y = 3$을 대입하면

$$x + 3 = 5$$

$$x = 2$$

유리 뭐야…, 역시 내가 계산한 답이 맞았잖아. y가 3이고 x가 2야.

답: $y = 3,\ x = 2$

나 그래. 네 답은 처음부터 맞았어. 아까부터 내가 이야기하고 있는 건, 답 자체가 아니라 답안지에 답을 쓰는 방법이지. 네 답은 맞았지만 답안을 작성하는 방법은 좋지 않아. 여기에서도 y, x 의 순이 아니라 x, y 의 순으로 적는 게 좋아. 그렇게 하지 않으면 네가 쓴 답을 읽는 사람이 순간적으로 혼란스러울 수 있잖아.

유리 그렇구나….

답: $x = 2,\ y = 3$

나 그러니까, 답은 결국 이렇게 되는 거지.

●●● **문제**

다음 연립방정식을 푸시오.

$$\begin{cases} x + y = 5 & \cdots ① \\ 2x + 4y = 16 & \cdots ② \end{cases}$$

〈해답〉

② − ① × 2에서

$$2y = 6$$

양변을 2로 나누면

$$y = 3$$

①에 $y = 3$을 대입하면

$$x + 3 = 5$$

$$x = 2$$

답: $x = 2,\ y = 3$

유리 그런데 오빠야, 항상 이렇게 길게 길게 써?

나 솔직히 말하자면, 이렇게까지 쓸 필요는 없어.

유리 뭐야, 너무해!

나 그래도 이 정도로 차근 차근 쓸 수 있어야 해.

유리 이렇게 쓰는 거 귀찮단 말야….

나 응, 그 마음도 잘 알아. 항상 이렇게 세세한 부분까지 쓰지 않아도 괜찮아.

유리 하아….

나 문제를 잘 읽어봐, 유리야. 이건 '다음 연립방정식을 푸시오'라는 문제잖아. 그러니까, 연립방정식을 푸는 방법을 제대로 알고 있다는 것을 어필하는 게 중요해. '문제를 잘 읽어보자'는 거지.

유리 그럼 어떤 때 간단히 써도 되는 거야?

나 예를 들면, 훨씬 큰 문제의 경우지. 훨씬 큰 문제를 풀고 있는데, 도중에 등장한 연립방정식을 풀어야 할 때. 그런 때는 훨씬 더 간단히 써도 돼.

유리 도중?

나 그래. 연립방정식을 푸는 것이 문제의 일부일 뿐인 경우에는 '이 연립방정식을 푼 결과 $x = 2$, $y = 3$'이라고 한 마디로 정리해도 괜찮을 거야. 그럴 땐 너무 꼼꼼히 모든 과정을 다 쓸 필요는 없어. 그게 어필하려는 포인트가 아니니까. '답은 채점하는 사람에게 보내는 메시지'라는 말의 의미가 이젠 이해되니?

유리 그렇구나….

나 선생님의 눈치를 살피라는 게 아냐. 애쓰고 고민해서 문제를 푼 거니까 고민한 내용이 그대로 상대방에게 전해질 수 있도록 하자는 거야.

유리 난 답만 맞으면 되는 거라고 생각했어.

나 응, 물론 답이 맞는 것도 중요하지. 그래도 답뿐만 아니라 답을 구하는 과정에도 주의를 기울였으면 하는 거야. 한 단계, 한 단계 확인하면서 꼼꼼히 답안을 작성할 수 있다면, '제대로 알고 있다'고 할 수 있지. 그러니까 꼼꼼히 쓰는 것은 답안을 써내려 가는 자신을 위한 것이기도 해. 항상 '답만 맞으면 되잖아!'라면서 마구잡이로 대충 쓰면 안 돼.

유리 네에…! 근데, 오빠야.

유리는 안경을 벗고 나를 쳐다봤다.

나 왜?

유리 있지….

나 뭔데 그래.

유리 오빠얀 말야, 수학 이야기만 나오면 갑자기 열심이 되냐옹.

나 그런가.

유리 헤헷, 쪼끔, 멋지넹!

나 무슨 소릴 하는 거야.

유리 그게 오빠야의 어필 포인트구냐옹.

나 이런…. 근데 이 문제, 뭔가 이상한데.

유리 뭐가?

$$\begin{cases} x + y = 5 & \cdots ① \\ 2x + 4y = 16 & \cdots ② \end{cases}$$

나 이것 봐, 이 ②번 말야. $2x + 4y = 16$이라는 식. 이거, 계수(수학식에서 숫자를 이르는 말)가 전부 짝수니까 양변을 2로 나눌 수 있어.

$$2x + 4y = 16$$

↓ 양변을 2로 나눈다.

$$x + 2y = 8$$

유리 아, 진짜네.

나 이 방법이 조금 더 편하겠다.

문제

아래 연립방정식을 푸시오.

$$\begin{cases} x + y = 5 & \cdots ① \\ 2x + 4y = 16 & \cdots ② \end{cases}$$

〈해답〉

②의 양변을 2로 나누면

$$x + 2y = 8 \cdots ③$$

③ − ①을 계산하면

$$y = 3$$

① 에 $y = 3$을 대입하면

$$x + 3 = 5$$

$$x = 2$$

답: $x = 2,\ y = 3$

유리 별로 바뀌는 건 없네….

나 뭐, 그런가. 아, 알겠다. 유리야, 그 과제물 좀 보여줘 봐.

유리 이거?

2-4 학과 거북이 문제

나 역시 그랬어. 유리야, 이건 학과 거북이 문제를 의식해서 만든 문제야. 이것 봐, 문장으로 쓰여 있잖아.

문제 (학과 거북이 문제)

- 학과 거북이가 모두 5마리 있습니다.
- 학과 거북이의 다리의 합은 모두 16개입니다.
- 학과 거북이는 각각 몇 마리씩 있을까요?

유리 흐음….

나 이런, 반응이 영 신통치 않은데.

유리 이런 거, 귀찮아….

나 또 그 소리! 유리야, 넌 다 귀찮다고 하는구나. 이미 연립 방정식은 풀 수 있으니까, 귀찮게 생각할 필요는 없을 텐데. 이렇게 생각하면 돼.

- 학이 x마리 있다고 하자.

- 거북이가 y마리 있다고 하자.
- 학과 거북이가 모두 5마리 있으므로, $x + y = 5$가 성립한다.

유리 으응, 그래….

나 이렇게 하면 문제에서 '학과 거북이가 모두 5마리 있습니다'를 $x + y = 5$라는 식으로 옮긴 게 되는 거지.

나는 숙제 프린트를 손가락으로 가리키면서 유리에게 설명한다.

유리 으응, 그래….

나 똑같이 이번에는 '학과 거북이의 다리의 합은 모두 16개입니다'라는 문장을 식으로 옮겨 보자.

- 학의 다리는 2개니까
  학이 x마리면, 학의 다리는 전부 $2x$개가 된다.
- 거북이의 다리는 4개니까
  거북이가 y마리면, 거북이의 다리는 전부 $4y$개가 된다.
- 학과 거북이의 다리의 수를 합하면 16개가 되니까

$2x + 4y = 16$이 성립한다.

유리 으응, 그래….

나 이번엔 $2x + 4y = 16$이란 식을 세웠어. 이것으로 문제에 나온 연립방정식을 다 세운 거야.

$$\begin{cases} x + y = 5 \\ 2x + 4y = 16 \end{cases}$$

유리 으응, 그래….

나 우리들은 이걸로 학과 거북이 문제의 문장을 수식의 세계로 옮긴 게 되는 거야. '연립방정식을 세운 것'이지.

••• 문제 (학과 거북이 문제)

- 학과 거북이가 모두 5마리 있습니다.
- 학과 거북이의 다리의 합은 모두 16개입니다.
- 학과 거북이는 각각 몇 마리씩 있을까요?

〈해답〉

- 학과 거북이의 수에 관해 첫 번째 식을 세운다.
  - 학이 x마리 있다.
  - 거북이가 y마리 있다.
  - 학과 거북이가 모두 5마리 있으므로
    $x + y = 5$가 성립한다.
- 다리의 수에 관해 두 번째 식을 세운다.
  - 학의 다리는 2개니까 학이 x마리면,
    학의 다리는 전부 $2x$개가 된다.
  - 거북이의 다리는 4개니까 거북이가 y마리면,
    거북이의 다리는 전부 $4y$개가 된다.
  - 학과 거북이의 다리의 수를 합하면
    16개가 되니까 $2x + 4y = 16$이 성립한다.

따라서 아래와 같은 연립방정식을 세울 수 있다.

$$\begin{cases} x + y = 5 \\ 2x + 4y = 16 \end{cases}$$

이것을 풀면 $x = 2$, $y = 3$을 얻는다.

그러므로 학은 2마리, 거북이는 3마리이다.

답: 학은 2마리, 거북이는 3마리

유리 으응, 그래….

나 유리야, 아까부터 '으응, 그래'라는 말밖에 안 하고 있는 거 알아?

유리 아니 글쎄, 오빠야가 너무 당연한 이야기만 하고 있잖아. 똑같은 소리만 해서 지겹다고.

유리는 하나로 묶었던 머리를 다시 묶으면서 말했다.

2-5 곰곰이 생각하며 풀기

나 유리가 '귀찮다구우…'라고 하니까, 오빠가 그렇게까지 해준 거잖아, 널 대신해서.

유리 이런 거 이미 다 알고 있는 걸. 원래, 이런 문제 같은 건 하나 하나 식을…. 그러니까, 연립방정식을 세워야 한다는 거 자체가 귀찮다고. 이미 다 알고 있는 걸 써야 하잖아!

나 응? 그래서?

유리 학이랑 거북이란 거, 딱 좋은 수니까, 곰곰이 생각해 보면 알 수 있다고.

나 딱 좋은 숫자라니, 정수 얘기야?

유리 정수가 뭐였더라?

나 이런. 정수는…, −3, −2, −1, 0, 1, 2, 3…이야.

유리 그래 그거. 정수.

나 학과 거북이의 수는 0 이상의 정수가 되겠지. 0, 1, 2, 3… 말이야.

유리 그러니까, 곰곰이 생각해 보면 풀 수 있다고. 합해서 5마리, 다리가 16개니까… 응, 2마리랑 3마리!라는 식으로.

나 그 순간에 유리는 머릿속으로 무슨 생각을 하고 있는 거야?

유리 그러니까, 5마리가 전부 학이면 다리는 10개잖아?

학이 5마리면, 다리는 10개

나 그러고 보니 그렇구나. 5마리의 학이 있는데, 학의 다리는 2개니까, $5 \times 2 = 10$ 이라고 계산하면 다리 수는 전부 10개. 그 다음은?

유리 다리는 16개여야 하니까 5마리를 전부 학으로 하면 다리가 부족하다는 거잖아. 그러니까, 학을 한 마리 줄이고 대신 거북이를 넣는 거야. 그럼 다리는 12개지?

학 4마리와 거북이 1마리면, 다리는 12개

나 흠흠, 좋아. 다리가 10개에서 12개로 늘었네.

유리 다리가 16개가 될 때까지 이런 걸 반복하는 거야.

학 3마리와 거북이 2마리면, 다리는 14개

학 2마리와 거북이 3마리면, 다리는 16개

나 다리가 16개면 학이 2마리, 거북이가 3마리란 얘기네.

유리 그런 거지. 이 정도 쯤이야, 곰곰이 생각해 보면 풀리잖아. 일부러 연립방정식 따위를 세우지 않아도.

나 그렇긴 하네. 이 문제라면 연립방정식 같은 걸 세울 필요가 없네.

유리 그치이…?

나 그런데 유리야. 연립방정식을 세우지 않아도 이 문제가 풀린다는 건, 네가 한 말 그대로야. 그렇지만 여기서 하고 있는 건 말이지, 단순히 '학과 거북이가 몇 마리인지를 구하는 것'이 아니야.

유리 어?

나 여기서는 '학과 거북이가 몇 마리인지를 구하는 것'만 배우는 게 아니라, 그것을 통해서 '수학을 사용하여 문제를 푸는 것'을 배우는 거야.

유리 무슨 말이야?

2-6 수학을 사용하여 문제 풀기

나 유리가 말한 대로, 학과 거북이의 수를 구하는 것뿐이라면, 곰곰이 생각하면 풀려. 뭐, 단순한 문제잖아. 이런 단순한 문제를 소재로 해서 곰곰이 생각하는 것만으로는 풀 수 없을 정도로 어려운 문제까지 도전할 수 있는 방법을 배우는 거야. '미지수(방정식에서 구하려고 하는 수)를 문자로 나타내기'나 '미지수 간의 관계를 방정식으로 나타내기'….

유리 오빠야, 잠깐만! 뭔가 중요한 이야기 같아!

나 예를 들어 '학이 x마리 있다'는 표현도 굉장한 거야. 문제를 읽어도 금방 학의 수는 모르지. 학의 수는 미지의 수, 즉 미지수야. 여기에서 '미지수를 문자로 나타내기'를 사용해. 우리들은 미지수로 학의 마릿수를 x라는 문자로 나타내기로 정한 거야.

유리 그럼, 거북이의 마릿수는 y로 나타내기로 정한거야?

나 그렇지. 아직 몇 마리인지 몰라. 그 '모르는' 내용을 '모르는' 채로 두는 것이 아니라, 문자를 사용해서 나타내는 거야.

유리 문자로 나타낸다….

나 왜냐면, 그렇게 해야 방정식을 세울 수 있기 때문이지.

유리 연립방정식 말야?

나 그래. 이 문제에서는 연립방정식이 되는 거지.

유리 응.

나 학이 x마리 있고, 거북이가 y마리 있다고 정했어. 그럼 잠시 생각해 보자. 'x와 y에 대해 어떤 관계가 성립하는 걸까?'라고 말이지. 방정식을 세우려고 하는 거야. 이것이 '미지수 간의 관계를 방정식으로 나타내기'라는 거야. 알겠니? 수학에서 문제를 풀 때는 오빠가 지금 말한 것이 아주 중요해. 아까 유리는 구체적으로 학과 거북이를 사용해서 곰곰이 생각했지. 그것도 나쁘지 않아. 유리는 똑똑한 거야. 그래도, 여기서 오빠가 말하는 '미지수를 문자로 나타내기'와 '미지수 간의 관계를 방정식으로 나타내기'를 잘 익혔으면 해. 이건 아주 중요하거든.

유리 ….

나 유리야, 듣고 있니?

유리 … 듣고 있어.

나 유리는 아까 문제를 읽고, 단계를 건너뛰어서 답을 쉽게 구할 수 있었지. 이 문제라면 그렇게 해도 돼. 그렇지만, 더욱 어려운 문제라면 그렇게 못 할 수도 있어. 그러니까 아까처럼 단계를 건너뛰는 방법으로 답을 구하기보다 지금 오빠가 말한 것처럼 답을 구하는 단계를 차근 차근 밟아서 생각하는 방식도 익혔으면 해.

유리 ….

나 처음에 '무언가를 x로 한다' '무언가를 y로 한다'는 것에 집중하는 거야. 그것이 '미지수를 문자로 나타내기'지. 다음엔 'x와 y에 대해 어떠한 관계가 성립하는가'를 생각해. 그것이 '미지수 간의 관계를 방정식으로 나타내기'야.

유리 … 그리고는?

나 응. 방정식을 세우고 나면, 다음은 수학 차례야. 수학에서 배운 방법을 사용해서 '방정식을 푸는' 거지. 마지막으로 x와 y가 무엇을 나타내고 있었는가를 다시 생각해 내는 거지. 수학을 사용해서 문제를 푼다는 것은 이런 걸 말하는 거야.

'수학을 사용하여 문제 풀기'란

(1) '현실의 세계'에서 '수학의 세계'로 문제를 옮긴다.

(2) '수학의 세계'에서 문제를 풀고, 해를 구한다.

(3) '수학의 세계'에서 '현실의 세계'로 해를 옮긴다.

유리 오빠야….

나 이 (1)이 '방정식 세우기'야. 그리고 (2)는 '방정식 풀기'가 되지. 학과 거북이 문제는 간단해. 연립방정식도 어렵지 않아. 하지만, 중요한 것은 이러한 흐름을 배우는 거야. '현실의 세계'와 '수학의 세계'를 오가면서….

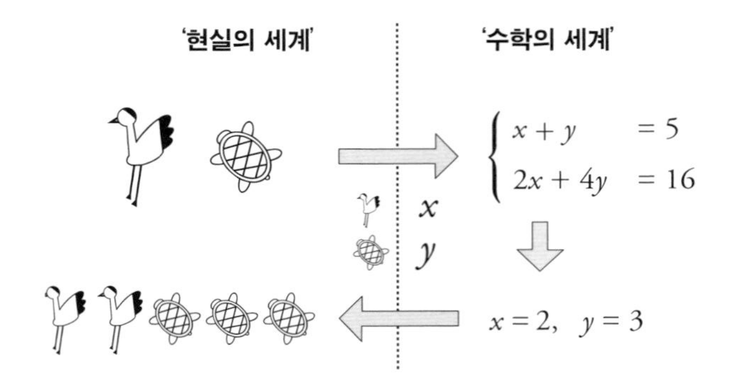

유리 오빠야, 재밌다! 있지, 오빠야, 그 이야기 굉장히 재밌어! 왜 그런 얘기는 학교에서 가르쳐 주지 않는다냥.

나 아냐, 가르쳐 줄 걸….

어머니 얘들아, 간식 먹으렴.

어머니께서 부엌에서 큰 소리로 말씀하신다. 어머니께서 "얘들아"하고 부르시면, 우리들의 수학 토크는 일단락된다.

나 간식이나 먹자.

유리 그래…. 아, 오빠야 선생님…, 질문!

나 뭔데?

유리 왜 하필 학하고 거북이일까? 거북이는 왠지 토끼랑 같이 있는 게 어울리는데.

"그리고 문제 해결자는 다른 세계에서 해답을 가지고 돌아온다."

제2장의 문제

문제 2-1 (식으로 나타내기)

학이 x마리, 거북이가 y마리 있을 때 다리의 수는 전부 몇 개인가? 식으로 나타내시오.

(해답은 214쪽에)

문제 2-2 (식으로 나타내기)

다리의 수가 a개인 생물이 x마리, b개인 생물이 y마리 있을 때 다리의 수는 전부 몇 개인가? 식으로 나타내시오.

(해답은 215쪽에)

문제 2-3 (연립방정식을 풀기)

다음 연립방정식을 푸시오.

$$\begin{cases} x + y = 6 \\ 2x + 3y = 14 \end{cases}$$

(해답은 215쪽에)

●●● 문제 2-4 (연립방정식을 풀기)

다음 연립방정식을 푸시오.

$$\begin{cases} x + y = 99999 \\ 2x + 4y = 375306 \end{cases}$$

(해답은 216쪽에)

제3장

수식의 실루엣

“문제 해결자는 무엇을 볼 것인지 이미 알고 있다.”

3-1 맑은 눈빛

때때로 나는 내 자신에게 이런 질문을 던지곤 한다.

'나의 눈은 맑게 빛나고 있는가?'

사물의 표면을 보고 이미 모든 것을 깨달았다고 생각하는 것은 어리석은 일이다. 사물의 본질을 제대로 꿰뚫어 보는 것이 중요하다고 생각한다.

미르카는 구조를 꿰뚫어 보는 눈이라고 말했다. 본질을, 구조를 속속들이 파악해서, 정확한 판단을 내리고 싶다. 그렇게 할 수 있는 맑은 눈을 갖고 싶다. 소중한 것을 알아차릴 수 있는 눈을.

방과 후 도서실에 들어서자, 무언가를 열심히 적고 있는 테트라가 보였다.

3-2 도서실에서

나 테트라, 뭘 그렇게 쓰고 있는 거야?

테트라 아, 서, 선배님! 안녕하세요!

나 열심히 하고 있네. 그건 숙제야?

테트라 아뇨, 아뇨, 이건 제 '비밀노트'예요.

나 비밀노트?

테트라 제가 뭐든 쉽게 잘 까먹는 거 아시잖아요. 선배님이랑 미르카 선배님에게 수학에 관련된 이야기를 들어도 금방 잊어버릴 것 같아서요.

나 전혀 안 그래.

테트라 그렇게 말씀해 주시니 감사해요. 하지만 잊어버리고 싶지 않으니까 제대로 노트에 정리해 두려고요.

나 그 노트… 비밀노트에?

테트라 넵, 맞아요. 중요한 걸 잘 정리해서 적어 두면, 필요할 때 얼른 꺼내볼 수 있잖아요. 마치 만화에 나오는 주인공이 신기한 마법 주머니에서 비밀 도구를 꺼내듯이 말이죠. 그게 바로 이 비밀노트를 만든 가장 큰 목적인 셈이죠!

테트라는 '비밀노트'를 높이 들어 보였다.

나 그렇구나, 좋은 생각이다. 기억하고 싶은 내용을 일부러 적어보는 건 그것만으로도 공부가 되기도 하니까. 그런 식으로 '언어로 표현해 보자'라는 건 굉장히 테트라 다운 발상이네.

테트라 그, 그런가요? 감, 감사합니닷!

나 그런데 테트라.

테트라 넵, 다른 하실 말씀 있으세요?

나 나한테 비밀노트를 말해주는 건 고맙지만, 그렇게 하면 전혀 '비밀'이 될 수 없잖아.

테트라 앗…. 선배님, 지금 이야기한 건 다 잊어 주세요!

테트라는 얼굴이 새빨개진 채로 손사래를 치며 말했다.

나 그럼, 그럼. 잊어버렸어. 다 잊어버렸어.

3-3 수식으로 나타내기

얼마 지나지 않아 평정을 찾은 테트라는 노트를 만지작거리며 말을 이었다.

테트라 선배님이 얼마 전 '학년이 올라가면서 수학이 어려워지는 이유'에 대해서 이야기해 주신 적이 있었죠.

나 응, 그랬었지.

테트라 문자를 사용하는가 사용하지 않는가. 그것이 큰 이유였어요.

나 그래. 그건 큰 차이지. 특히 중학생이 되면 x나 y같은 문자를 많이 사용하게 되지.

테트라 네. 저도 막 중학생이 되었을 때 무척 고민했어요. 문자가 들어간 식은, 뭐라고 하면 좋을까…. 음, 아주 복잡해지잖아요. 그러니까, $x + 5$ 정도의 식이라면 아직 간단해요. x가 뭔지 잘 모르겠지만, 어쨌든 숫자고 $x + 5$라는 식은 그 수에 5를 더한 거라고 상상이 되니까요. 하지만 중학교 수학에서는 훨씬 더 복잡한 식이 나오죠.

나 뭐 그렇지. 익숙해지면 어렵지 않지만.

테트라 전 이상한 부분에서 고민에 빠져버려요. 예를 들면, 중학교 시절 $3x^2$(3엑스의 제곱)이라는 식이 이해가 잘 안됐어요.

나 호오…. 그건 왜?

테트라 $3x$는 3과 x를 곱한 값이잖아요.

나 그렇지.

테트라 그리고 $3x^2$에서 작게 쓴 숫자 2는 '몇 개 곱한 것인가'를 나타낸다고 배워서…. 저는 $3x^2$을 '$3x$ 2개를 곱한다'로 생각하게 된 거에요.

나 아, 그랬구나.

테트라 네…. 그런데 실제로 $3x^2$은 '$3x$ 2개를 곱한다'가 아니라 '3 곱하기, x를 2개 곱한 것'이죠. 즉 '3 곱하기 x 곱하기 x'예요.

$$3x^2 = 3 \times \underbrace{x \times x}_{2\text{개}}$$

나 그렇지. $3x^2$은 $(3x)^2$이 아니라 $3(x^2)$과 같아. 3개의 x^2이지.

$$3x^2 = 3(x^2) = \underbrace{x^2 + x^2 + x^2}_{3\text{개}}$$

테트라 네, 선생님께서 수업 시간에 가르쳐 주셨을 텐데, 분명히 제가 그걸 놓쳤던 걸 거예요. 그때 딴 생각을 하고 있었나 봐요….

나 그런 일은 자주 있지. 수업 중에 갑자기 의문이 생기면 온통 그 생각만 하게 돼.

테트라 맞아요! 그래서 문제풀이 연습시간에 많이 틀렸어요. 그 일이 지금도 기억나요.

나 잘 기억하고 있네. 이것 봐, 잘 까먹는 사람이라고 할 수 없잖아.

테트라 쓸데없는 생각만 잔뜩 하는 것 같아요. $3x^2$이라는 식이 $3 \times x \times x$라는 걸 알아차리기까지 엄청 시간이 걸렸어요. 전 맹한가 봐요.

나 아냐, 아냐. 시간이 걸려도 끈질기게 생각한 거잖아. 엄청 잘한 거야. 그런 기본적인 것에 가로막혀서 수학을 싫어하게 되는 사람도 많을걸? 수식으로 나타내는 방법은 중학교에 들어오자마자 한꺼번에 배우게 되잖아. 하나 하나 살펴보면 간단한 거지만, 연습하지 않으면 쉽사리 익숙해지지 않아. 그러니 조금이라도 연습을 게을리하면 금세 뭐가 뭔지 모르게 되지. 그래서 어떤 사람들은 '나는 수학을 잘 못하는구나'라고 생각하게 되는 거야. '재능이 없다'면서.

테트라 그런가요?

나 응. 내가 중학교 다닐 적에 그런 녀석이 몇 있었어. 중학교 3학년 때 '난 수학엔 재능이 없다'고 했었지. 하지만 그건 수식으로 나타내는 방법에 익숙해지는 연습을 하지 않아서 그랬을 뿐이야. 구구단 연습을 게을리하면 두 자릿수의 곱셈이나 세 자릿수의 곱셈이 어려워지잖아? 그거랑 비슷한 거지.

테트라 아, 무슨 말인지 알겠어요.

나 연습을 조금 게을리한 것만으로 '수학에 재능이 없다'고 하는 건 지나친 생각이야.

테트라 조, 조금 걱정 돼요. 수식으로 나타내는 방법이란 건, 예를 들어 어떤 건가요?

3-4 다항식으로 나타내기

나 내가 지금 이야기한 건 다항식으로 나타내는 방법이야. 예를 들어 '$3x^2 - 2x - 8$이라는 식을 곱셈 기호 ×를 사용해서 나타낼 수 있는가'하는 거지.

$$3x^2 - 2x - 8$$

테트라 아, 네…. 곱셈 기호 ×를 사용해서 나타내면 되는 거죠? 이런 거 말씀이죠?

$$
\begin{aligned}
&3x^2 \qquad\qquad - 2x \qquad - 8 \\
&= 3 \times x \times x - 2 \times x - 8
\end{aligned}
$$

나 응, 그거면 돼.

테트라 좀 안심이 되네요.

나 곱셈 기호 ×를 쓰면 문자 x와 헷갈리기 쉬우니까, •으로 나타내도록 할까.

테트라 네. ×와 •는 똑같은 거네요. 이렇게 하면 될까요?

$$
\begin{aligned}
&3x^2 \qquad\qquad - 2x \qquad - 8 \\
&= 3 \cdot x \cdot x - 2 \cdot x - 8
\end{aligned}
$$

나 잘했어.

테트라 선배님께 칭찬을 들으니 안심이 되네요.

나 그럼, 이번엔 반대야. 다음 식을 •을 사용하지 않고 나타낼 수 있어?

$$x \cdot x \cdot x + 4 \cdot x \cdot x - x + 2 \cdot x \cdot x \cdot x + 6$$

테트라 어…! 아, 조금 당황했지만 곱셈으로 연결된 x의 개수를 세어보면 되겠네요.

$$\underbrace{x \cdot x \cdot x}_{3개} + 4 \cdot \underbrace{x \cdot x}_{2개} - x + 2 \cdot \underbrace{x \cdot x \cdot x}_{3개} + 6$$

나 그래, 맞아.

테트라 3개, 2개, 3개니까 이렇게 정리되네요!

$$\underbrace{x \cdot x \cdot x}_{3개} + 4 \cdot \underbrace{x \cdot x}_{2개} - x + 2 \cdot \underbrace{x \cdot x \cdot x}_{3개} + 6$$

$$= x^3 + 4x^2 - x + 2x^3 + 6$$

나 응, 맞아.

테트라 네!

나 이걸로 •을 사용하지 않고 나타낼 수 있게 되었지. 이것을 거듭제곱으로 나타낸다고 해. 그건 그렇고, 수식으로 나타내는 법으로 따지자면 조금 더 정리하는 게 일반적이지.

테트라 정리… 한다고요?

나 봐, $x^3 + 4x^2 - x + 2x^3 + 6$에는 x^3항이 2개 있잖아. x^3과 $2x^3$이지. 이 두 항을 더해서 $3x^3$으로 정리할 수 있어.

$$x \cdot x \cdot x + 4 \cdot x \cdot x - x + 2 \cdot x \cdot x \cdot x + 6$$
$$= x^3 + 4x^2 - x + 2x^3 + 6$$
$$= 3x^3 + 4x^2 - x + 6$$ x^3과 $2x^3$을 더해서 $3x^3$으로 정리했다.

테트라 맞아요, 맞아요.

나 이런 걸 동류항을 정리한다고 하지. x^3과 $2x^3$은 동류항. 그러니까 정리하면 $3x^3$이 되지. 문자 부분이 같으면 서로 동류항이 돼. 문자가 몇 번 곱해졌는지도 주의해서 봐야 해.

- x^3과 $2x^3$은 동류항이다.
  (둘 다 문자 부분이 x^3이니까)
- $3x^3$과 $4x^2$은 동류항이 아니다.
  (문자 부분이 x^3과 x^2으로 서로 다르니까)

테트라 '동류항을 정리한다'라는 거죠. 이런 것도 제 '비밀노트'에 적어 둘게요. 나중에 복습할 거예요.

나 '비밀노트'가 큰 역할을 하고 있네! 그럼 내림차순이라는 용어도 적어 두면 좋아. 아까 살펴 본 $3x^3 + 4x^2 - x + 6$을 가지고 설명하자면 $3x^3$, $4x^2$, $-x$, 6이라는 4개의 항이 있고, x의 차수가 높은 순부터 낮은 순으로 정렬되어 있지. 이

걸 내림차순이라고 해.

$$\underbrace{3x^3}_{3차항} + \underbrace{4x^2}_{2차항} + \underbrace{(-x)}_{1차항} + \underbrace{6}_{\substack{0차항 \\ (상수항)}}$$

테트라 네. 3, 2, 1, 0 순으로 내려간다는 거군요.

나 그래. 정리하자면 '다항식으로 나타내는 방법'은 이렇게 되지.

다항식으로 나타내는 방법

- 거듭제곱으로 나타낸다.

  $x \cdot x \cdot x$를 x^3으로 쓴다.

- 동류항을 정리한다.

  $x^3 + 2x^3$을 $3x^3$으로 쓴다.

- 내림차순으로 항을 정렬한다.

  $x^3 \to x^2 \to x \to$ 상수항 순으로 정렬한다.

테트라 그런데 선배님, 질문이 있어요!

테트라가 마치 수업 시간인 것처럼 손을 번쩍 들었다.

나 응?

테트라 '다항식으로 나타내는 방법'에 대해서는 잘 알겠어요. 그런데 이건 왜 있는 거예요?

나 '다항식으로 나타내는 방법'이 왜 있냐고?

이런, 또 소박하고 직설적인 질문을 하네.

테트라다운 질문이야. 그러니까….

테트라 아, 미르카 선배님 오셨어요.

3-5 다항식으로 나타내는 방법의 목적

미르카 뭐해?

테트라 네, 수식으로 나타내는 기본적인 방법을 선배님께 배우고 있었어요. 수식이랄까, 정확히는 다항식이겠네요.

미르카 흐음….

미르카는 금속테 안경을 올려 썼다.

테트라 그, 그러니까요, 동류항을 정리하거나, 내림차순으로 정렬하는 '다항식으로 나타내는 방법'은 왜 있는가에 대한 질문을…

미르카 동일성의 확인.

미르카는 검지를 세워 보이며 말했다.

테트라 네?

미르카 적어도 2개의 다항식의 동일성 확인에는 쓸 수 있지.

테트라 동일성의 확인…이란 건 무슨 의미죠?

테트라는 고개를 갸웃거렸다. 그녀는 질문하는 것을 망설이지 않고 아는 척 하지도 않는다. 머릿속에 떠오른 질문을 순수하게 그대로 말로 표현한다.

미르카 '다항식으로 나타내는 방법'의 목적 중 하나는 2개의 다항식의 동일성을 확인하는 거야. 물론, 그게 전부는 아니야.

나 2개의 다항식이 같은지 다른지 알아본다는 거야?

미르카 그래. 그럼, 퀴즈. $x^2 + 3x^2 + x + 1$이란 다항식과 $2 + 2x + 4x^2 - x - 1$이란 다항식은 항등적으로 같을까?

●●● **퀴즈**

다음 두 다항식은 항등적으로 같은가.

$$x^2 + 3x^2 + x + 1 \qquad 2 + 2x + 4x^2 - x - 1$$

테트라 네, 같은지 다른지, 잘 살펴보면….

미르카 잘 살펴본다는 건 뭐지?

미르카는 틈을 주지 않고 다시 묻는다.

테트라 어, 그러니까….

나 2개의 식을 각각 '다항식으로 나타내는 방법'으로 정리하면 알 수 있어, 테트라.

테트라 아, 네…. 우선 $x^2 + 3x^2 + x + 1$부터 정리할게요.

$$x^2 + 3x^2 + x + 1$$
$$= 4x^2 + x + 1$$ 동류항인 x^2과 $3x^2$을 정리했다.

테트라 이제 $2 + 2x + 4x^2 - x - 1$을 정리할게요.

$$2 + 2x + 4x^2 - x - 1$$
$$= 2 + x + 4x^2 - 1$$ 동류항인 $2x$와 $-x$를 정리했다.
$$= 1 + x + 4x^2$$ 동류항인 상수항 2와 -1을 정리했다.
$$= 4x^2 + x + 1$$ 내림차순으로 정렬했다.

나 그렇지.

테트라 하아…. 둘 다 똑같이 $4x^2 + x + 1$이 되네요! 그러니까 두 다항식 $x^2 + 3x^2 + x + 1$과 $2 + 2x + 4x^2 - x - 1$은 같다고 할 수 있네요!

미르카 응, 맞아. 단, 정확하게는 두 다항식이 항등적으로 같다고 하지.

<퀴즈의 답>

다음 두 다항식은 항등적으로 같다.

$$x^2 + 3x^2 + x + 1 \qquad 2 + 2x + 4x^2 - x - 1$$
$$= 4x^2 + x + 1 \qquad = 4x^2 + x + 1$$

테트라 '항등적으로 같다…' 그럼, 이건 그냥 '같다'와는 다른가요?

테트라는 손에 들고 있던 '비밀노트'에 메모하며 연달아 질문을 던진다.

미르카 다항식이 '항등적으로 같다'는 것은 '다항식에서 사용한 문자 x에 어떤 수를 대입해도 같다'는 뜻이지.

테트라 어떤 수를 대입해도 같다…. 죄, 죄송해요. 아직 잘 모르겠어요. 아까 정리한 $x^2 + 3x^2 + x + 1$과 $2 + 2x + 4x^2 - x - 1$은 x에 어떤 수를 대입해도 같아진다…?

미르카 예를 들면, $2x$와 $3x$란 2개의 다항식에 $x = 0$을 대입하면 둘 다 0과 같지.

테트라 네, 무슨 말인지 알겠어요.

미르카 하지만 $x = 1$을 대입하면 $2x$와 $3x$의 값은 같지 않아. $2x = 2$지만 $3x = 3$이 되니까.

테트라 아….

미르카 따라서, $2x$와 $3x$라는 2개의 다항식은 '항등적으로는 같지 않다'는 거지.

테트라 '항등적으로 같다'의 의미를 조금씩 알겠어요. 특별한 수를 대입했을 때만 같은 것이 아니라, 어떤 수를 대입해도 같을 때 '항등적으로 같다'고 하는군요.

미르카 그래.

나 그렇구나.

미르카는 잠깐 눈을 감았다 떴다. 그리고 이야기를 이어갔다. 이야기의 템포가 빨라진다.

미르카 '다항식으로 나타내는 방법'이라는 건 다항식의 표준적인 형태를 만드는 거야. 지금은 동일성에 대한 이야기를 했지만, 내림차순으로 하면 다항식의 차수를 쉽게 알 수 있게 되지.

테트라 다항식의 차수…라는 건, 1차식이나 2차식이라는 걸 말하는 건가요?

미르카 그래. 내림차순으로 정리하면 첫 '항의 차수'가 그대로 '다항식 전체의 차수'가 돼.

$\underline{2x} + 1$	첫 항 $2x$가 1차이므로 이 다항식은 1차식
$\underline{3x^2} + 2x + 1$	첫 항 $3x^2$이 2차이므로 이 다항식은 2차식
$\underline{x^3} + 3x^2 + 2x + 1$	첫 항 x^3이 3차이므로 이 다항식은 3차식

나 다항식의 차수는 중요하지.

미르카 그럼, 내가 퀴즈를 낼게.

●●● **퀴즈**

왜 다항식의 차수는 중요한가?

나 음, 그래.

테트라 어…. 모르겠어요.

미르카 그래?

테트라 네. 1차식, 2차식, 3차식…. 여러 가지 다항식을 수업 시간에 배웠어요. 미르카 선배님의 퀴즈는 왜 그 구별, 차수의 구별이 중요한가에 관한 거잖아요. 그런 건 생각해 본 적도 없어요!

미르카 넌 어때?

미르카는 마치 지휘하듯이 나를 가리켰다.

나 음. 다항식의 차수는 그 다항식의 특징을 잘 나타내고 있으니까…란 답은 어때, 미르카.

미르카 그래. '차수가 같은 다항식은 공통된 성질을 지니고 있다'란 거지. 그렇지만 차수가 왜 중요한지는 '생각하는 방식'에 따라 달라지니까 정답은 하나가 아냐.

〈퀴즈의 답〉 (그 중 하나)

다항식의 차수가 중요한 이유:

차수가 같은 다항식은 공통된 성질을 지니기 때문이다.

나 응, 맞아.

미르카 또, '차수를 알아보는 것으로 알 수 있는 다항식의 성질이 있기 때문이다'라고 답해도 돼.

테트라 무슨 말이죠? 다항식의 성질…?

3-6 1차 함수의 그래프 그리기

미르카 다항식의 성질을 알아보기 위해, 함수를 만들어서 그래프를 그려 보자. 예를 들어 1차식으로 만든 1차 함수의 그래프를 그리는 거야. 그럼, 그 그래프는 반드시 직선이 돼.

나 그렇지, 직선이 되지.

테트라 아, 그, 그러니까….

미르카 '예시는 이해의 시금석'이야. 1차 함수의 그래프의 예를 만들어 보자…. 네가 해.

미르카는 나를 가리켰다.

네에, 네에. 그럴 거라고 이미 예상하고 있었습니다.

나 이렇게 가로축을 x축, 세로축을 y축으로 해서 그래프를 그리지. 이것을 좌표평면이라고 해.

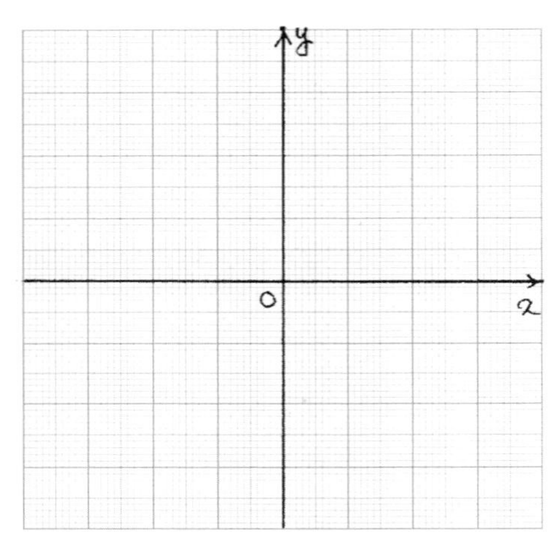

좌표평면

테트라 네.

나 중심의 O는 원점이야.

테트라 왜 O라고 쓰는 거예요?

나 어…, 왜 O라고 쓰냐구?

미르카 O는 오리진(origin)의 약자야. 기본이 되는 점이라는 뜻이지.

테트라 그렇군요.

나 그렇구나.

미르카 계속하자.

나 네에, 네에…. 자, 가장 간단한 1차식인 x로 생각해 보자. 이 1차식 x를 사용해서 $y = x$라는 1차 함수를 만드는 거야. 그러면 이런 그래프를 그릴 수 있어.

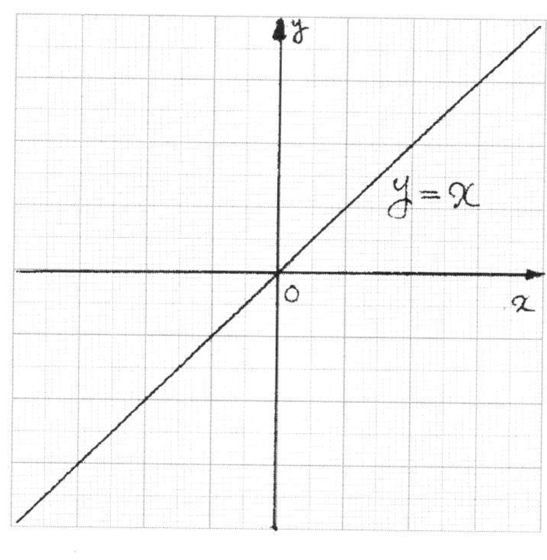

1차 함수 $y = x$의 그래프

테트라 네, 알겠어요. 아아, 아까 미르카 선배님이 '직선이 된다'고 하신 것은 이런 그래프 이야기로군요.

나 그렇지, 그렇지.

미르카 다른 예는?

나 네에, 알겠습니다.

나는 1차 함수의 그래프를 몇 개 더 그렸다.

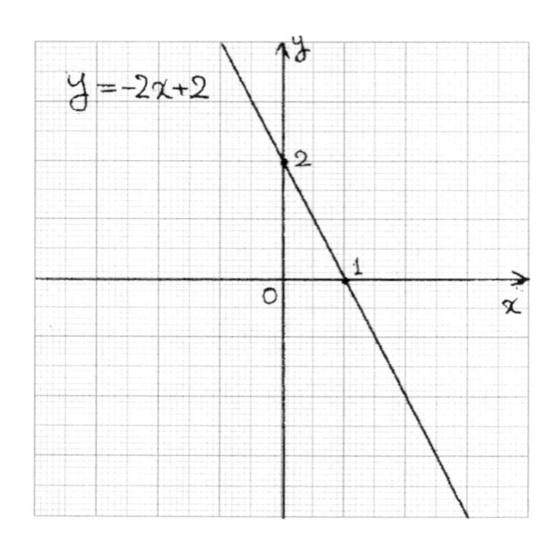

1차 함수 $y = -2x + 2$의 그래프

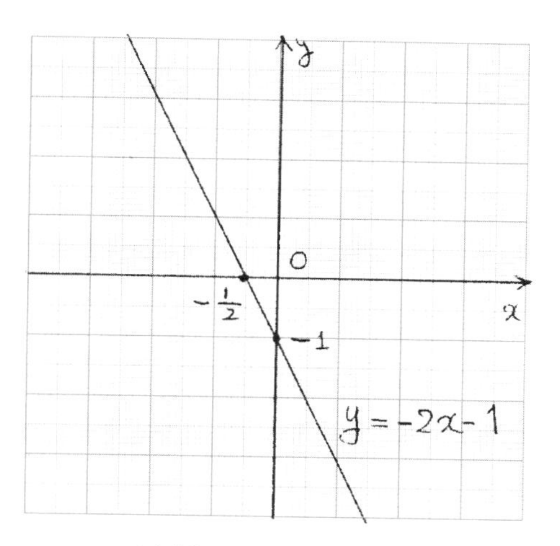

1차 함수 $y = -2x - 1$의 그래프

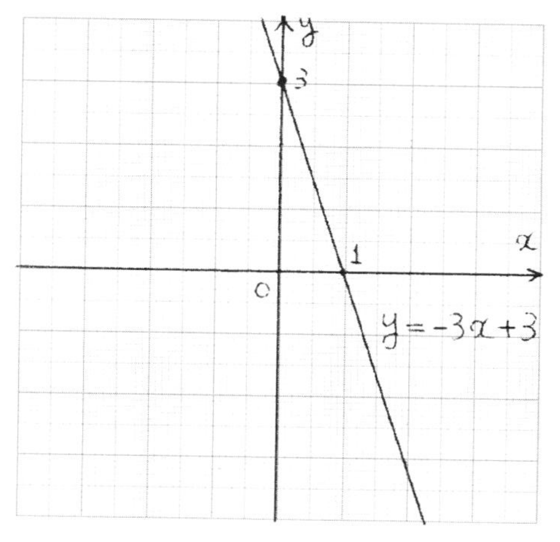

1차 함수 $y = -3x + 3$의 그래프

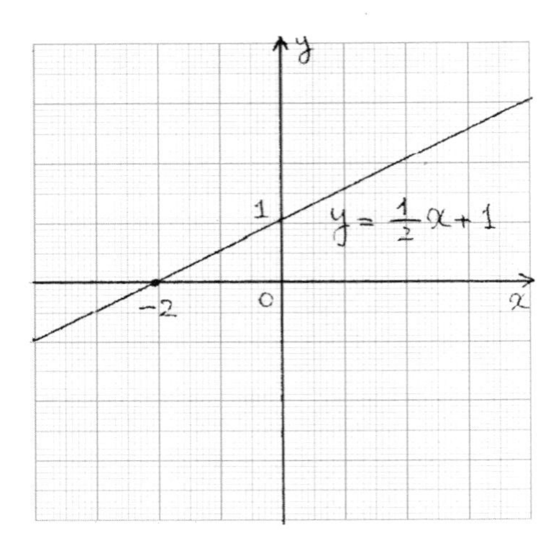

1차 함수 $y = \frac{1}{2}x + 1$의 그래프

테트라 네…. 확실히 모두 직선이네요.

미르카 여기에 그려진 함수의 식은 전부 달라. 그러나 식은 달라도 식의 차수는 동일하지. 전부 1차식이야.

x	1차식
$-2x+2$	1차식
$-2x-1$	1차식
$-3x+3$	1차식
$-\frac{1}{2}x+3$	1차식

테트라 모두 1차식이라서 차수가 같고, 모두 직선이고, 모두 형태가 같다….

미르카 우리가 차수를 중요하다고 생각하는 이유 중 하나가 이거야. 다항식의 차수가 같으면, 그 다항식으로 만든 함수의 그래프는 형태가 동일하지.

테트라 차수가 동일하면 그래프의 형태가 동일하다….

테트라는 그래프를 보며 중얼거렸다.

3-7 2차 함수의 그래프 그리기

미르카 형태가 동일하다고 해도 직선뿐이라면 따분하지.

나 자, 그럼 이번엔 2차 함수의 그래프를 그릴게.

테트라 부탁드립니다.

나 우선 가장 간단한 2차식인 x^2으로 그려보도록 할게. x^2은 2차식으로, 이제부터 그릴 2차 함수는 $y = x^2$이야.

테트라 네.

나 2차 함수의 그래프는 이렇게 그리면, 어? 이런, 의외로 어렵네. 그러니까 (0, 0), (1, 1), (2, 4)의 점을 통과하는 포물선이 되어야 하니까….

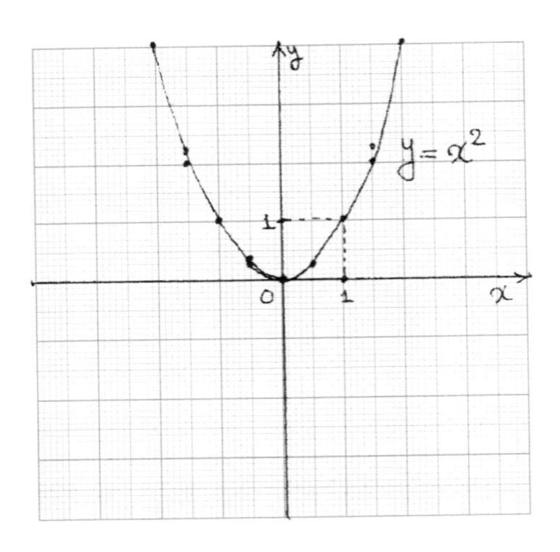

2차 함수 $y = x^2$의 그래프

미르카 찌그러졌어.

나 생각보다 어렵다고. 이건 어때?

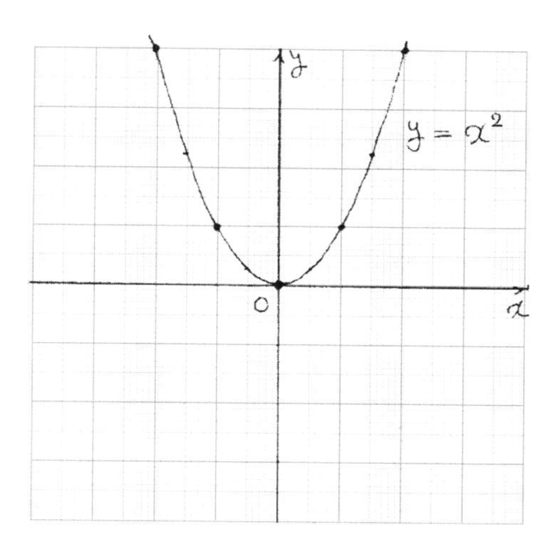

2차 함수 $y = x^2$ 의 그래프

미르카 뭐, 이 정도면 됐어. 다음은 조금 아래로 내려간 그래프를 그려 봐.

나 알았어. 2차 함수 $y = x^2 - 1$의 그래프를 그릴게.

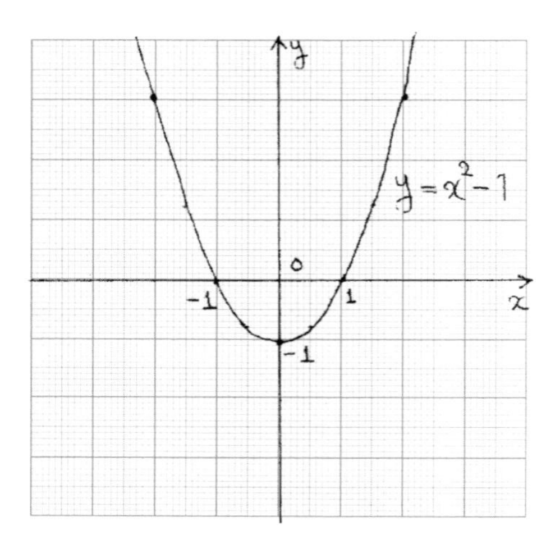

2차 함수 $y = x^2 - 1$의 그래프

미르카 다음은 오른쪽으로 이동시켜 봐.

나 $y = x^2 - 1$을 오른쪽으로 이동시키려면…. 그렇지, 1차항을 넣어서 $y = x^2 - 2x$로 하면 되겠지.

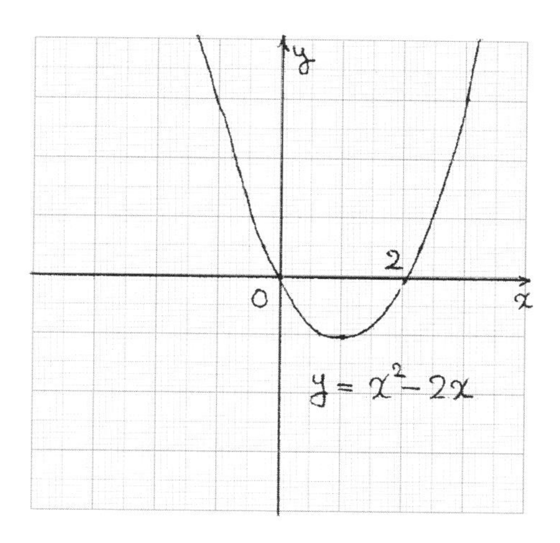

2차 함수 $y = x^2 - 2x$ 의 그래프

테트라 어? 어떻게 $x^2 - 2x$라는 식이 금방 떠오를 수 있는 거예요, 선배님?

나 응. x축과 교차하는 점을 생각한 거야. 잘 봐, $y = x^2 - 1$이란 포물선은 x축과 2개의 점에서 교차하고 있잖아. x좌표가 -1과 1인 점이지. 만약 이 포물선을 오른쪽으로 1만큼 이동시키면, x좌표가 0과 2일 때 교차해. 그러니까 $(x - 0)(x - 2)$라는 2차식을 만들면 된다는 것을 알 수 있지. $(x - 0)(x - 2) = x^2 - 2x$니까, $y = x^2 - 2x$라는 함수를 만든 거야.

미르카 일반적으로 $y = x^2 - 1$의 x를 $x - 1$로 치환(어떤 값을 특정 값으로 바꾸는 것)해서 $y = (x - 1)^2 - 1$을 만들어.

테트라 …나중에 다시 생각해 볼게요.

미르카 다음은 위로 볼록하고, 폭이 좁은 포물선을 그려봐.

나 위로 볼록이라는 건, 2차항의 계수를 음수로 하면 되지. 폭을 좁게 하려면 급격히 변화하게 하면 되니까 2차항의 계수를 바꾸면 되겠지. -2로 해 보자.

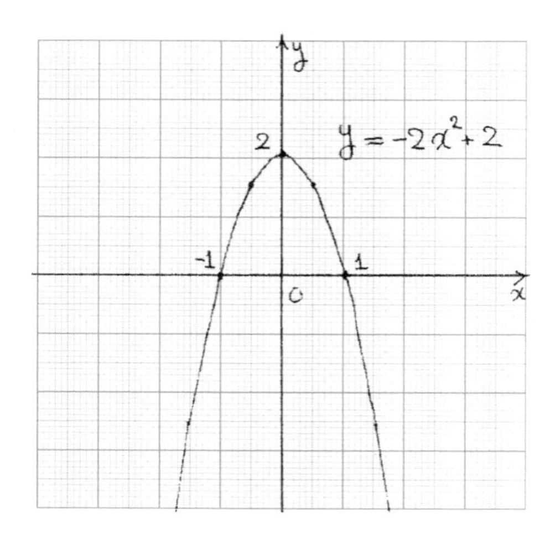

2차 함수 $y = -2x^2 + 2$의 그래프

테트라 위로 볼록이라는 것은 이런 형태군요.

미르카 삐뚤빼뚤하지만, 뭐 이것도 포물선이긴 해….

테트라 아아아아아아앗!

나 왜 그래?!

갑자기 테트라가 큰 목소리로 소리를 치는 바람에 나는 깜짝 놀랐다.

테트라 저 말이에요! 연결됐어요! 포물선이로군욧!

나 무슨 소리야?

테트라 그러니까 말이죠. 저, 2차 함수는 수업 시간에 이미 배웠어요. 그리고 포물선의 그래프도 그려 봤고요. 그래도, 그 둘을… 뭐라고 해야 할까, '동일한 것'으로 생각한 적이 없었거든욧!

나 아…. 그래서 갑자기 들뜬 거였어?

테트라 죄송해요. 너무 당연한 건데 뒷북치는 것 같지만, 뭐랄까…. 함수의 세계가 보이는 것 같아서요.

테트라는 양팔을 크게 벌린 채 말했다.

테트라 그러니까, 함수의 세계가 진짜로 있는 거예요. 1차 함수와 2차 함수와 그 외에 제가 모르는 많은 함수가 있다는 거죠…. 지금까지 눈에 보이지 않았던 세계가 그래프를 그려 본 덕분에 확 보이는 것 같아요. '이쪽에는 직선이 모여 있어요'라든가 '저쪽엔 포물선이 모여 있군요' 같은 모습이…. 죄송해요, 말로 잘 표현이 안 되네요.

미르카 구체적인 예를 통해 배운 수준 높은 통찰이네.

나 뭐, 지금 뭐라고 했어?

미르카 지금까지의 이야기는 이렇게 정리할 수 있지.

- 1차식으로 만든 1차 함수의 그래프는 직선이 된다.
- 2차식으로 만든 2차 함수의 그래프는 포물선이 된다.

미르카 그리고 3차식으로 만든 3차 함수의 그래프, 4차식으로 만든 4차 함수의 그래프에도 각각 고유한 형태가 있어.

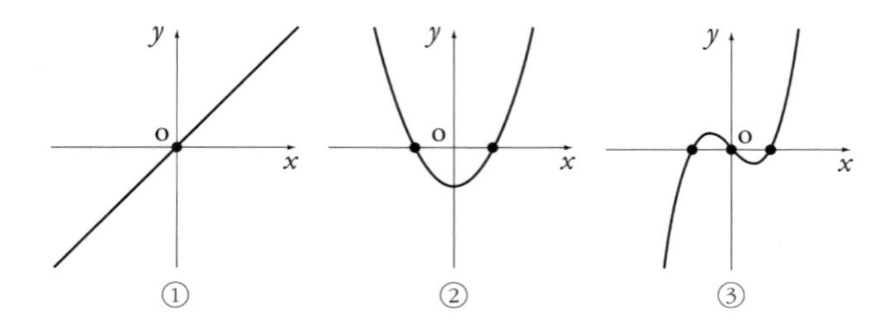

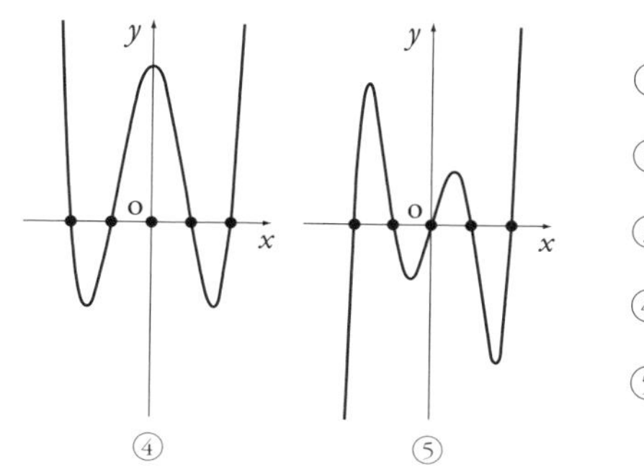

① $y = x$

② $y = x^2 - 1$

③ $y = x^3 - x$

④ $y = x^4 - 5x^2 + 4$

⑤ $y = x^5 - 5x^3 + 4x$

테트라 네.

미르카 다항식의 차수는 함수의 그래프의 형태와 밀접한 관계가 있어. 이것은 차수라는 것이 다항식의 중요한 성질을 드러내고 있다는 하나의 예라 할 수 있지. 그러고 보니, 수식과 곡선의 관계는 오일러 선생님께서 연구한 주제 중 하나이기도 해. 뭐, 오일러 선생님께서는 많은 분야에 걸쳐 연구를 진행하신지라 그런 이야기를 꺼내자면 끝도 없지만.

미르카는 레온하르트 오일러를 매우 좋아한다. 그녀는 역사상 가장 많은 업적을 남긴 수학자 오일러를 항상 오일러 선생님이라고 부른다.

테트라 '다항식으로 나타내는 방법'에서 출발해서 꽤나 먼 곳까지 왔지만, 매우 즐거워요. x, x^2, x^3, 1차식, 2차식, 3차식, 1차 함수, 2차 함수, 3차 함수…. 정말 세계가 넓어지는 느낌이에요.

미르카 다항식의 차수는 다항식의 형태를 파악할 수 있는 중요한 정보야. 각각의 다항식이 가진 구체적인 정보를 버리고 형태를 보는 거지. 구체적인 정보 대신 차수라는 단 하나의 숫자를 남기는 거야. 다항식의 차수를 알면, 그 다항식으로 만든 함수의 그래프의 형태를 알 수 있어. 다항식의 차수를 알면, 그 다항식으로 만든 방정식의 근의 개수도….

테트라 실루엣이네요!

미르카 실루엣?

테트라 그림자 그림이요. 빛을 비추어서 생긴 그림자가 만들어 낸 모습이죠! 미르카 선배님께서 이야기하신 '구체적인 정보를 버리고 형태를 본다'는 건, 사물의 모습에서 세세한 부분을 하나 하나 보지 않고, 실루엣을 보는 것 같은 거죠!

미르카 흐음. 수식의 실루엣이라.

테트라 넵, 맞아요. 차수로 수식의 형태를 보는 거죠!

미즈타니 선생님 하교 시간이에요.

미즈타니 선생님은 우리 고등학교에 근무하시는 사서 선생님이다. 선생님은 정시가 되면 도서실 중앙에서 하교 시간을 큰 소리로 알려주신다.

다항식으로 나타내는 방법에서 시작된 우리들의 수학 토크는 차수로 수식의 실루엣을 볼 수 있다는 지점에서 일단 마무리되었다.

그 다음 주제는…, 또 다음 기회에.

"그리고 문제 해결자는 무엇을 보지 않을 것인지도 이미 알고 있다."

제3장의 문제

●●● 문제 3-1 (다항식으로 나타내는 방법)

다음 식을 76쪽의 '다항식으로 나타내는 방법'으로 정리하시오.

$$1 + 2x + 3x^3 - 4x + 5x^2 + 6$$

(해답은 218쪽에)

●●● 문제 3-2 (다항식으로 나타내는 방법)

다음 식을 76쪽의 '다항식으로 나타내는 방법'으로 정리하시오.

$$1x^3 + 3x^1 - 5x^2 - 4x + 2x^2 + 2x^2$$

단, 아래의 사항에 주의하시오.

- 계수에 1은 쓰지 않는다.
  (예를 들어 $1x^3$은 x^3이라고 쓴다)
- 지수에 1은 쓰지 않는다.
  (예를 들어 $3x^1$은 $3x$라고 쓴다)

(해답은 219쪽에)

●●● 문제 3-3 (다항식의 차수)

x에 관한 아래의 다항식은 몇 차식인가?

$$x^3 + x^2 - x^3 + x - 1$$

(해답은 220쪽에)

●●● 문제 3-4 (1차 함수의 그래프)

다음 1차 함수의 그래프를 그리시오.

$$y = 2x - 4$$

(해답은 221쪽에)

●●● 문제 3-5 (2차 함수의 그래프)

다음 2차 함수의 그래프를 그리시오.

$$y = -x^2 + 1$$

(해답은 222쪽에)

제4장

순수한 반비례

"문제 해결자는 변화를 놓치지 않는다."

4-1 순수함

테트라는 순수하다. 순수한 마음으로 듣고, 생각하고, 이야기한다. 그것은 그녀가 공부할 때 커다란 무기가 된다.

테트라는 순수하다. 그러나 그녀는 결코 단순하지 않다. 때로는 알 수 없는 번뜩임을 보인다. 그것은 아주 매력적이다.

그런 것들을 생각하고 있을 때, 유리가 찾아왔다.

4-2 내 방에서

유리 있지…, 오빠야.

나 왜? 상당히 졸린 목소리네.

유리 졸려서 그래…. 어제 게임을 너무 많이 했어. 평소보다 세 배는 강한 캐릭터가 나와서 말야….

나 게임?

유리는 중학교 2학년이다. 익히 잘 알고 지내는 친척집이라는 이유로, 내 방에도 거리낌 없이 들어온다. 평소대로 말총머리에 청바지 차림이다.

유리 아…. 졸려, 졸려. 근데 말야, 오빠야. 그래프는 왜 있는 거야?

나 어, 갑자기 무슨 얘기야?

유리 있지, 수업 시간에 선생님이 열심히 '그래프는 중요해!' '그래프는 중요해!' 라고 하셨는데, '왜 그래프가 중요한지'에 대해서는 제대로 가르쳐 주시지 않거든. 그래서 그래프는 왜 있는 걸까냐옹.

유리가 갑자기 애교 섞인 고양이 말투로 이야기했다.

나 유리는 그래프가 어떤 건지 알고 있어?

유리 바보 취급은 말아 달라냐옹….

나 안 해. 그래프에도 여러 가지 종류가 있어.

유리 응? 예를 들면 이런 거?

나 이건 뭐야?

유리 꺾은선 그래프잖아!

나 이대로는 꺾은선 그래프라고 할 수 없어. 제대로 된 꺾은선 그래프가 되려면 이렇게 그려야지.

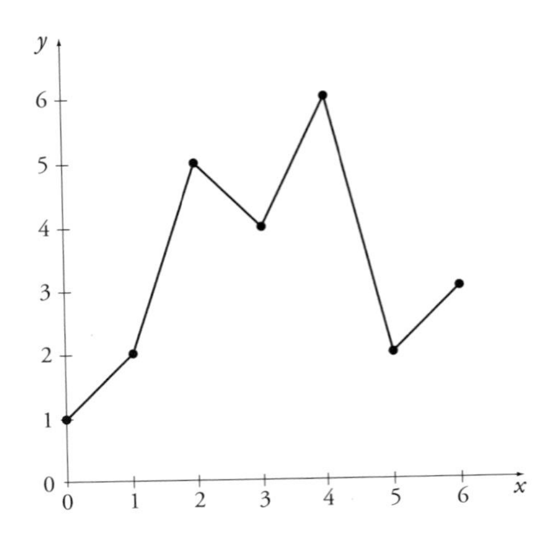

유리 크게 달라진 것도 없잖아.

나 완전히 달라.

- x와 y처럼 축에 이름이 붙어 있다.
- 축에 눈금이 그려져 있다.

유리 흐음.

나 지금은 일단 가로축과 세로축에 각각 x와 y라는 이름을 붙였지만, 그래프를 읽거나 그릴 때는 항상 가로축과 세로축이 무엇을 나타내는지를 확인해야 해.

유리 그건 이미 알고 있다고….

나 어쨌든, 그래프는 확실히 중요해.

유리 그…러…니…까! 아까부터 그래프가 왜 중요한지 물어보고 있잖아.

나 예를 들자면, 그래프를 통해 변화를 읽어낼 수 있기 때문이지.

유리 아, 선생님께서도 그래프에서 '읽어낼 수 있다'고 하셨어.

나 뭐야, 선생님께서 제대로 설명해 주신 거잖아.

유리 그래 봤자 그래프는 그래프잖아. 글자가 한 자도 적혀 있지 않은데 '읽어낸다'는 건 무슨 말이야?

나 그렇다면…. 변화하는 수나 양, 즉 변수라는 게 있잖아.

유리 변화하는 수나 양?

나 예를 들면, 유리의 몸무게라든가.

유리 오빠야! 숙녀에게 그런 화제를 꺼내는 건 목숨이 아깝지 않다는 거야.

유리가 고개를 젓자, 한 가닥으로 묶은 머리가 함께 흔들린다.

4-3 꺾은선 그래프

나 목숨이 아깝지 않다고…. 그럼 기온으로 할까? 기온의 변화를 나타내는 꺾은선 그래프는 자주 볼 수 있지. 이건 어느 해의 도쿄의 기온이야.

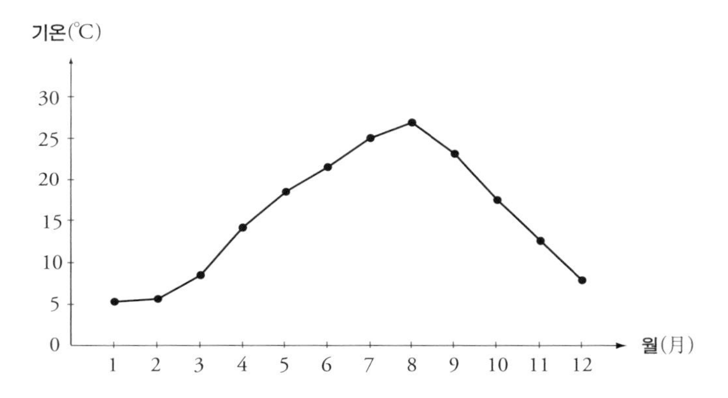

유리 이게 뭐 어쨌다는 거야?

나 이 꺾은선 그래프를 보면, 기온은 1월부터 8월에 걸쳐 상승하지만 8월부터 12월에 걸쳐 하강한다는 것을 잘 알 수 있어.

유리 그런 건 당연한 얘기잖아. 여름은 덥고, 겨울은 추워.

나 그래. 일단 이 그래프의 형태를 잘 보자. 8월에 해당하는 부분이 가장 높이 그려져 있어. 그렇다는 건 8월이 가장 덥다는 것을 알 수 있지. 그건 그래프의 모양에서 알 수 있는 거잖아? 그렇게 '그래프의 모양에서 알아낼 수 있는 것을 찾는 것'이 '그래프에서 읽어낸다'는 거야.

유리 그래프의 모양에서 알아낼 수 있는 것을 찾는다고…?

나 응, 그래. '문장에서 알아낼 수 있는 것을 찾는다'는 것을 '문장에서 읽어낸다'고 하는 거랑 똑같아.

유리 흐음.

나 그래프에서 단위가 중요할 때도 있어. 아까의 그래프에서도 기온이라고 쓰인 곳에 ℃(도씨)라는 단위가 쓰여 있는데….

유리 뭐, 그건 일단 덮어 놓고.

나 멋대로 넘어가지 마.

유리 있지, 그래프에서 읽어낼 수 없어도, 여름이 덥고 겨울이 추운 거는 당연한 거잖아?

나 그럼, 이 그래프에서는 뭐를 읽어낼 수 있겠어?

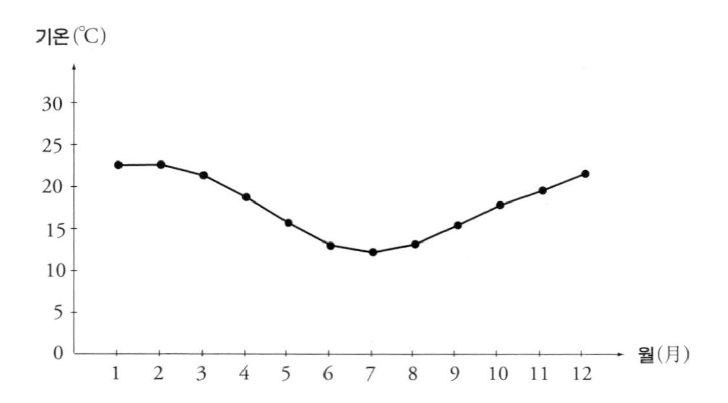

유리 어어어! 이런 상태라면 여름이 춥고 겨울이 더워. 이상해…!

나 그렇지. 춥다가 여름하고 덥다가 겨울하지.

유리 오빠야, 농담이 너무 썰렁해.

나 이건 시드니의 기온을 나타낸 꺾은선 그래프야. 시드니는 남반구에 위치한 오스트레일리아에 있는 도시니까, 북반구에 있는 도쿄와는 기온의 변화가 정반대야. 그래프를 보면 7월이 가장 춥다는 것을 알 수 있지.

유리 흐음, 그게 '그래프에서 읽어낼 수 있는 것'이야?

나 응. 이 외에도 '그래프에서 읽어낼 수 있는 것'은 또 있지만.

유리는 머리끝을 만지작거리며 생각에 잠겼다.

유리 어…, 그래도 있지, 그래프를 봐도 시드니의 7월 기온이 몇 ℃인지 한눈에 알 수 없어. 음…. 대충 12℃ 정도라는 것은 알겠지만.

나 맞아. 유리가 말한대로야. 이런 꺾은선 그래프라면 그런 정밀한 수치를 읽어내기가 좀 어려워. 정확한 수치를 알고 싶다면, 표가 더 알기 쉽지.

도쿄와 시드니의 기온을 나타내는 표 (단위는 °C)

	1월	2월	3월	4월	5월	6월	7월	8월	9월	10월	11월	12월
도쿄	5.2	5.6	8.5	14.1	18.6	21.7	25.2	27.1	23.2	17.6	12.6	7.9
시드니	22.6	22.7	21.4	18.8	15.7	13.1	12.2	13.2	15.5	18.0	19.7	21.7

유리 그렇구나. 표라면 7월 도쿄의 기온은…. 그러니까 25.2℃고, 시드니는 12.2℃라는 걸 알 수 있네.

나 그건 '표에서 읽어낼 수 있는 것'이 되는 거지.

유리 흐음.

나 즉, 그래프는 '전체의 형태'를 알아보는 데 편리하고, 표는 '개별 수치'를 알아보는 데 편리해. 그래프와 표 중에서 어느 쪽이 더 편리한지는 사용하려는 목적에 따라 달라져.

유리 뭐, 거기까진 알겠어.

4-4 비례

나 기온이 아니라 수학적인 그래프에 관한 이야기를 해 볼까?

유리 수학적인 그래프?

나 유리는 비례라는 말을 들어본 적 있어?

유리 있지, 물론. '비례한다'고 자주 이야기하잖아. '무언가에 비례해서 커진다'든가.

나 그렇지. 그럼 하나 물어보고 싶은 게 있는데, 비례라는 말의 정의는 알아?

유리 비례의 정의…. 정의가 뭐였더라.

나 '정의'란 건 말이지, '해당 단어의 엄밀한 의미'를 뜻해. 수학이 엄밀한 학문이란 건 알고 있겠지. 그래서 수학에서는 하나 하나의 단어를 신중하게 사용해. 적당히 분위기에 맞춰 쓰는 게 아니라, 엄밀하게 의미를 정해서 자신과 상대방이 동일한 용어를 동일한 의미로 사용하고 있는지를 확인하는 거야. 그것이 수학을 할 때의 바른 자세지. 그래서 수학에서는 정의가 중요해.

유리 흠, 흠.

나 그러니까, 수학을 할 때는 "그 용어의 정의는 뭐야?"라고 물어보는 경우가 자주 있어.

유리 아…, 그렇구나. 의미를 딱, 확실하게 결정한다는 거지?

나 딱? 뭐, 그럼 '비례의 정의'는 알겠어?

유리 알아. 비례라는 말의 엄밀한 의미 말이지? 비례라는 건, 어, 그러니까…. 그… 뭐라고 해야 하지…. 응, 이렇…게 커지면 그거에 맞춰서 이렇…게 커진다는 건가냐옹.

나 ….

유리 이걸론 안 돼?

유리가 나를 올려다보며 내 표정을 살핀다.

나 있지, 유리야. 그걸로는 확실히 의미를 정한 게 아니잖아. '이렇…게 커진다'라는 말은 소용이 없어.

유리 으응, 그렇지만 말야….

나 간단히 말해 볼까. 변수 x와 변수 y가 있을 때 x가 2배, 3배, 4배가 되면 y도 똑같이 2배, 3배, 4배가 된다고 하자. 이때, 'y는 x에 비례한다'고 해.

유리 뭐라고! 아까 나, 그렇게 말했잖아.

나 아니, 그렇지 않아. 유리는 '이렇…게 커진다'고 했을 뿐이잖아. 2배나 3배라는 이야기는 안 했지?

유리 그렇게는 말 안 했지만, 그런 의미였다고오!

나 수학에서는 그걸로 안 돼. 말로 표현하지 않아 놓곤 '이런 의미였다고요'라고 하는 것은 치사하지. 제대로 할 거라면 확실히 말로 표현해야지.

유리 우웅….

유리는 분하다는 듯이 입을 삐죽거린다.

나 아까 말한 방식대로 하면 너무 엉성하니까, 제대로 '비례의 정의'를 정리해 볼게.

비례의 정의

변수 x, 변수 y, 0 이외의 정수 a가 있을 때,

$$y = ax$$

라는 관계가 항상 성립한다고 한다.

이때, y는 x에 비례한다고 한다.

유리 이거, 아까 말한 2배, 3배랑 똑같은 이야기야?

나 응, 맞아.

유리 그렇구나.

나 예를 들어 $y = ax$라고 하면, $x = 10$일 때 y는 어떻게 되지?

유리 몰라.

나 이런, 이런. 모르겠어? x와 y사이에 항상 $y = ax$라는 관계

가 성립하는 거야. 만약 $x = 10$이라면, y는 어떻게 될까?

유리 모르겠다구. a를 모르는 걸 어떡해.

나 아, 그런 의미였구나. a는 a 그대로 사용하면 돼. 우린 지금 '$y = ax$라는 관계가 항상 성립한다'고 정했지. 그러니까, $x = 10$일 때, $y = 10a$가 돼.

$y = ax$	비례의 정의에서
$= a \times x$	ax는 $a \times x$라는 뜻
$= a \times 10$	예를 들어 $x = 10$이라고 하자.
$= 10a$	$\times$ 를 생략하고, 숫자 10을 앞에 쓴다.

유리 좋아, 이제 알겠어!

나 그럼 $x = 20$일 때 y는?

유리 어, 그럼…. 음, $y = 20a$냐옹?

나 그렇지. 유리야, 더욱 자신감을 갖고 대답해도 돼.

유리 그래서 그 다음은?

나 $x = 10$일 때 $y = 10a$고, $x = 20$일 때 $y = 20a$가 되었지. 그렇다는 건, x가 2배가 되면 y도 2배가 된다는 거잖아. $10a$가 $20a$가 되었으니까.

유리 어? 아, 그런 거였어?

나 응, 그런 거였어. $y = ax$라는 관계가 항상 성립한다고 하자. 그러면 $x = 10$에서 시작해서 20, 30, 40으로 x를 바꾸면, $y = 10a$에서 시작해서 $20a$, $30a$, $40a$로 y도 변하게 될 거라는 거야. 아까부터 말하고 있는 것처럼 2배, 3배, 4배가 돼.

유리 ….

나 이렇게 그림으로 그리는 게 나으려나.

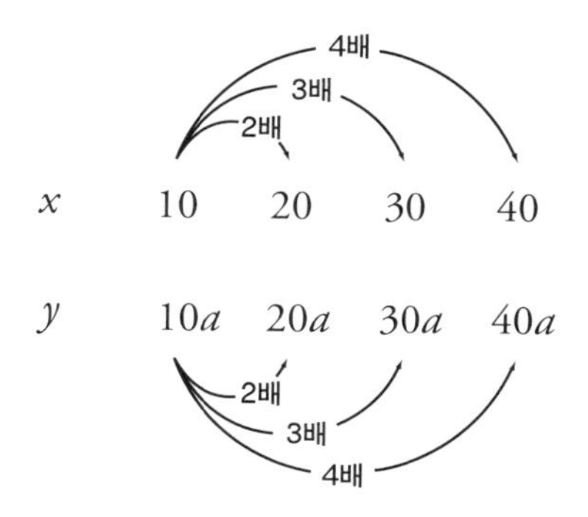

유리 ….

나 아니면 표로 나타내는 게 이해하기 쉬우려나.

$y = ax$의 관계가 성립할 때의 표

x	10	20	30	40
y	$10a$	$20a$	$30a$	$40a$

유리 흐음….

나 유리야, 아직 감이 확실히 안 온 모양이네. 그렇게 어려운 이야기를 하고 있는 건 아닌데 말야.

유리 있지, 오빠야. $y = ax$라는 관계일 때 'y는 x에 비례한다'고 했잖아?

나 그렇지. 잘 이해했네.

유리 오빠야는 x가 10, 20, 30, 40일 때의 표를 그렸는데, 이거 x는 1이나 2여도 괜찮은 거지?

나 아, 그런 게 신경 쓰였어? 그래. x는 1이어도 2여도, 3.4여도 돼. 56.789여도 돼.

유리 뭐야, 그런 숫자.

나 아니, 예를 들자면 그렇단 거지.

유리 그럼, 이해했어. $y = ax$라는 관계일 때 y는 x에 비례한다. 이것이 정의지?

나 응, 맞아, 유리야. 그리고 말야, 이제부터 이야기가 한 단계 더 나아갈 건데, 'y가 x에 비례한다'는 건 '$y = ax$라는 관계가 성립한다'는 거였지. 그리고 그때 그래프는 반드시 '원점을 지나는 직선'의 형태가 돼.

유리 원점을 지나는 직선이라고?

4-5 비례 그래프 (원점을 지나는 직선)

나 응, 그래. 비례를 나타내는 그래프의 형태, 그건 '원점을 지나는 직선'이야. '원점'은 알고 있지?

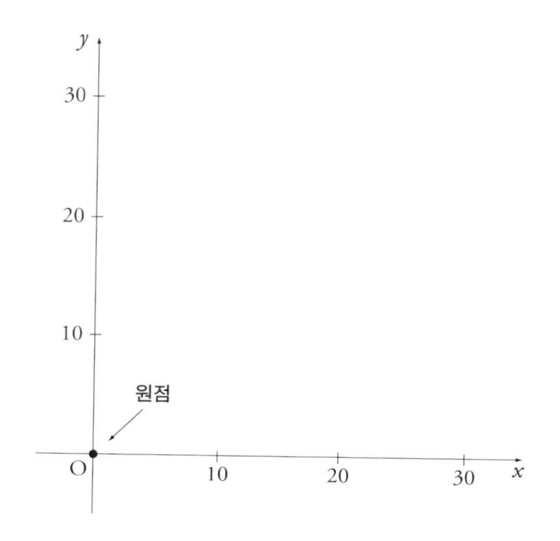

유리 알아, 알아.

나 그럼, 우선 $a = 1$이라고 하고 $y = ax$의 그래프를 그려 보자. 즉, $y = x$의 그래프야. 그리는 건 간단해. $x = 1$이면 $y = 1$이고, $x = 2$면 $y = 2$야. x와 y는 항상 같으니까.

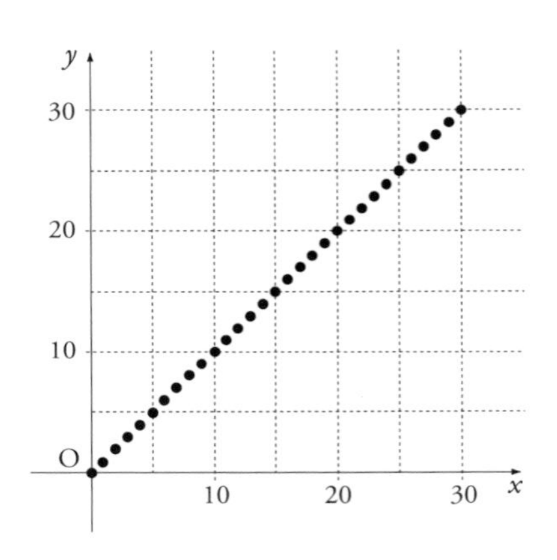

$a = 1$일 때, $y = ax$의 그래프는 어떻게 될까?

유리 오빠야, 이건 똑바른 선이 되는 거 아냐?

나 그렇지! 네가 말한 그대로야. 이건 '원점을 지나는 직선'이 돼.

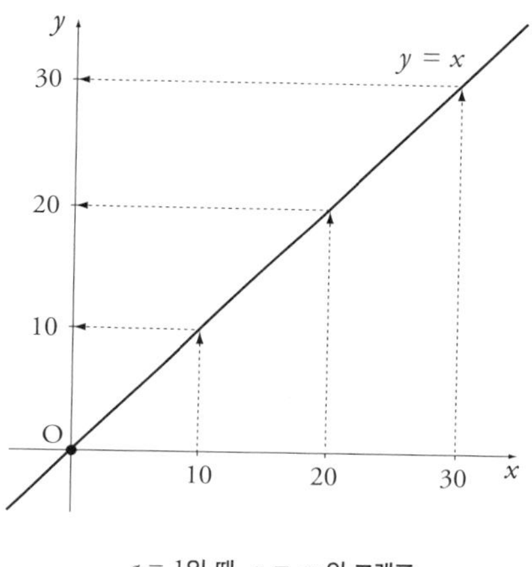

$a = 1$일 때, $y = ax$의 그래프

유리 그 화살표는 뭐야?

나 응, 이건 x값에서 y값을 보고 있는 거야. 예를 들어 x값이 10일 때는 똑바로 위로 올라가서 그래프에 부딪힌 곳에서 왼쪽으로 이동하는 거야. 그렇게 하면 y값이 10이라는 걸 알 수 있어.

유리 오빠야는 상당히 꼼꼼하게 가르쳐 주는구나….

나 그래? 그럼 다음은 $a = 2$일 때 $y = ax$의 그래프야. $y = 2x$의 그래프. 그 형태를 살펴보자.

유리 뚫어져라….

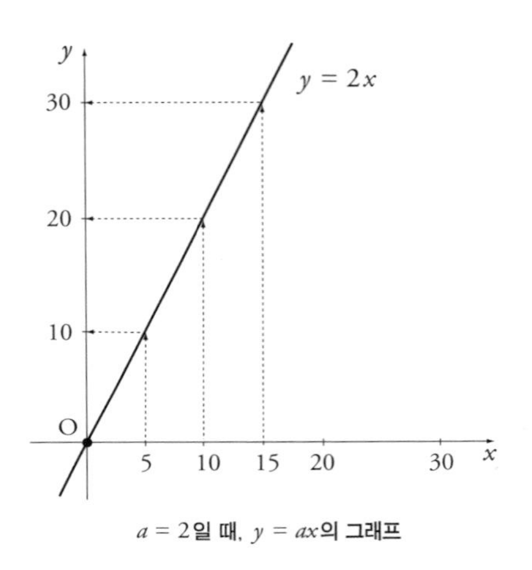

$a = 2$일 때, $y = ax$의 그래프

나 자, 이번에도 '원점을 지나는 직선'이 되었어.

유리 흐음.

나 다음은 $a = 0.5$일 때, $y = ax$의 그래프. $y = 0.5x$야.

유리 뚫어져라….

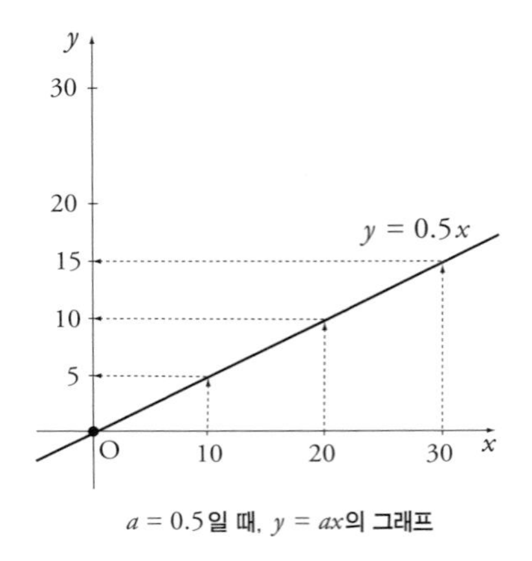

$a = 0.5$일 때, $y = ax$의 그래프

나 그렇지? 비례 그래프를 3개 봤는데, 전부 '원점을 지나는 직선'이 된다는 것을 알 수 있었지. 실제로 비례할 때의 그래프는 항상 '원점을 지나는 직선'이 되고, 그래프가 '원점을 지나는 직선'이 되면 반드시 비례하는 것이 돼.

유리 흐음.

나 그러니까, 그래프를 아무 생각 없이 보고 있는 것이 아니라, '직선이라는 것'과 '원점을 지난다는 것', 이 두 가지를 확인하는 것이 아주 중요해. 그런 '그래프의 형태'가 지니는 특징에서 'y가 x에 비례한다'는 것을 읽어낼 수 있기 때문이지. x와 y의 관계를 그래프에서 읽어낼 수 있어.

비례 그래프인지 확인하기

- 직선인가? 예/아니오
- 원점을 지나고 있는가? 예/아니오

두 질문에 모두 '예'라면, y는 x에 비례한다.

적어도 한 쪽이 '아니오'라면, y는 x에 비례하지 않는다.

유리 그렇구나…. '비례하고 있는지 아닌지'도 '그래프에서 읽어낼 수 있는 것'이냐옹?

나 맞아, 맞아. 유리는 똘똘하구나.

유리 헤헤….

나 '그래프의 형태'에서는 꼭 봐야 할 부분이 있어. 참고로 말하자면, '수식의 형태'에서도 꼭 봐야 할 부분이 있고.

유리 수식의 형태?

나 그래. 예를 들면 $y = ax$라는 수식을 잘봐.

유리 뚫어져라….

$$y = ax$$

나 이 수식에서 $x = 0$을 대입하면, 반드시 $y = 0$이 되겠지.

유리 응, 그건 그렇겠지. $y = ax$에서 x가 0이면 $y = 0$이 돼. $a \times 0$이니까 말야. a 곱하기 0이니까, 0이 돼.

나 응, 그러니까 $x = 0$일 때 $y = 0$이 되지 않으면 안 돼. 달리 말하면, 그래프가 반드시 $(0, 0)$으로 나타낼 수 있는 원점을 지난다는 것을 의미하고 있어. 이건 '수식에서 읽어낼 수 있는 것'이지.

유리 간단해, 간단해! 완벽하게 알겠다고!

나 그럼, 이 그래프를 보자. 이 그래프를 보고 y는 x에 비례한다고 할 수 있을까?

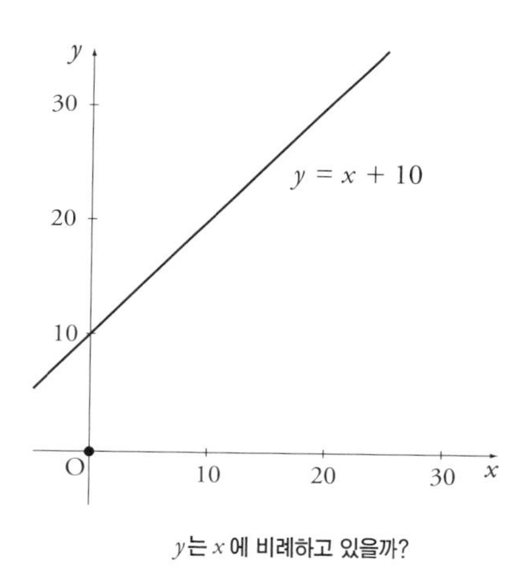

y는 x에 비례하고 있을까?

유리 x가 확 커지면, y도 확 커지…지만.

나 …지만?

유리 그래 그래! 비례 그래프인가 확인하기야!

- 직선인가? 예!
- 원점을 지나고 있는가? 아니오!

그러니까 비례하고 있는 게 아니야!

나 잘 눈치챘구나, 유리야. 아주 잘했어. 이 그래프는 원점을 지나고 있지 않아. 그러니까 이건 비례 그래프가 아니지.

유리 응, 이제 알겠어. y가 x에 비례하고 있을 때는 x가 2배, 3배…일 때 y도 2배, 3배…가 된다는 걸 잘 알겠어. 똑같이 커진다는 게….

나 이런, 또 조심, 조심.

유리 뭐가?

나 a가 음수일 때도 있다는 걸 잊으면 안 돼. 그러니까, a가 음수일 때는 x가 커지면 y가 작아지니까.

유리 어? 비례하고 있는데 작아져?

나 그래. 예를 들어 이런 그래프를 생각해 보자.

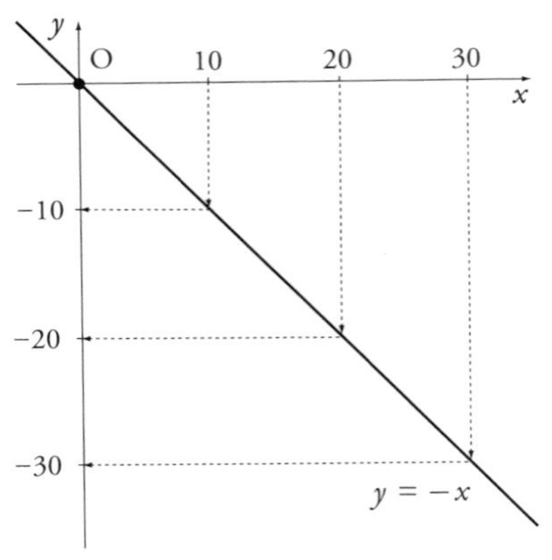

그래프가 우하향이더라도 비례하고 있는 예

유리 아래쪽으로 내려가고 있어.

나 응, 그래프가 이렇게 우하향하는 직선이어도 수학에서는 비례라고 불러. a가 음수니까 x의 값이 커지면 y의 값은 작아져.

유리 흠, 흠.

나 그래도 x가 2배, 3배…가 되면 y가 2배, 3배…가 되지. a가 음수여도 그건 변하지 않아.

유리 있지, 있지, 오빠야, 알려 줘. 이 우하향 직선이란 거, 반비례 아니야?

나 아냐. 우하향하는 직선은 반비례 그래프가 아냐.

유리 어?

나 반비례 그래프는 이런 형태, 쌍곡선이 돼.

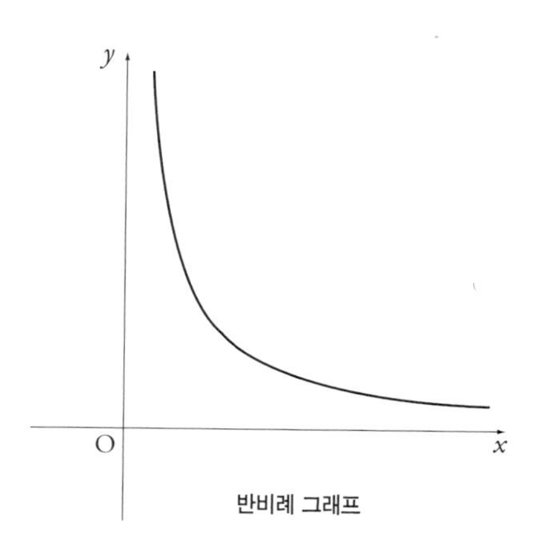

반비례 그래프

유리 뭐라고? 이해가 안 가!

4-6 비례와 반비례

나 왜? 비례와 반비례 그래프는 이게 맞아.

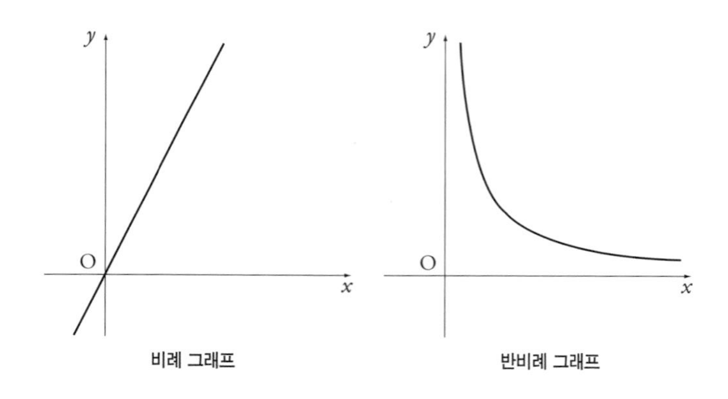

비례 그래프　　반비례 그래프

유리 전…혀, 전혀 모양이 다르잖아! 비례는 우상향의 직선이고, 반비례는 우하향의 직선인 게 맞는 것 같아.

나 맞는 것 같다고 해도…. 알겠어. 자, 그럼, 왜 반비례 그래프가 이런 형태가 되는지 설명해 줄게. 그럼 유리도 반드시 이해가 될 거야.

유리 비례가 우상향으로 커지고, 반비례가 우하향으로 작아진다는 게 딱 좋잖아!

나 유리가 딱 좋다고 느끼더라도, 반비례의 정의로는 그런 형태의 그래프가 나오지 않아.

유리 그럼 반비례의 정의는 뭔데?

나 반비례의 정의를 이야기하기 전에, 비례의 정의를 먼저 복습하자.

비례의 정의

변수 x, 변수 y, 0 이외의 정수 a가 있을 때,

$$y = ax$$

라는 관계가 항상 성립한다고 한다.

이때, y는 x에 비례한다고 한다.

유리 그래서? 반비례의 정의는?

나 반비례의 정의는 이렇게 되지.

반비례의 정의

변수 x, 변수 y, 0 이외의 정수 a가 있을 때,

$$y = \frac{a}{x}$$

라는 관계가 항상 성립한다고 한다.

이때, y는 x에 반비례한다고 한다.

유리 ….

나 반비례의 정의, 어때? 의미가 이해돼?

유리 알겠어. 정수 a가 있고, y가 $\frac{a}{x}$라는 거잖아?

나 응, 그게 맞아. 그게 반비례야. 'y는 x에 반비례한다'는 'x와 y는 반비례 관계에 있다'고도 해.

유리 글쎄, 감이 잘 안 오네.

나 그래? 비례는 $y = ax$고, 반비례는 $y = \frac{a}{x}$니까, 식의 형태가 완전히 달라. 반비례식의 특징은 'x가 분모에 있다'라는 거지.

비례와 반비례식의 비교

$y = ax$ y가 x에 비례할 때의 식

$y = \frac{a}{x}$ y가 x에 반비례할 때의 식

유리 뭐, 식은 그런데….

나 뭐가 잘 이해가 안 되는 거야?

유리 으음. 잘 표현이 안 돼.

나 그래. 그럼 반비례에 대해 좀 더 이야기해 보자. 반비례 그래프는 이런 형태였지. 쌍곡선이란 이름이 붙어 있어.

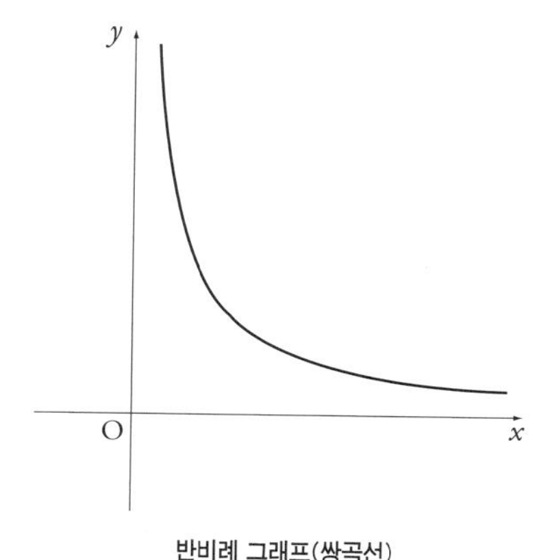

반비례 그래프(쌍곡선)

유리 ….

나 '비례 그래프'는 '원점을 지나는 직선'이 되지만, '반비례 그래프' 는 '쌍곡선'이 돼. 식의 형태가 완전히 다르니까 그래프의 형태도 완전히 다르지.

유리 아!

나 유리야, 왜 그래?

유리 그게 이해가 안 돼…. 그래프의 형태가 완전히 다른데 반대라고?

나 반대라니…. 아, 그렇구나. 그게 신경 쓰였던 거구나.

유리 비례가 우상향이고, 반비례가 우하향이라는 건 틀린 거지?

나 응, 틀린 거야. 원점을 지나는 직선의 그래프는 우상향이든 우하향이든, 모두 비례 그래프야.

유리 우상향과 우하향이라면 딱 반대 같다고 생각했는데.

나 아냐, 아냐, 유리야. 느낌만으로 생각하면 안 돼. $y = ax$라는 식에서 우상향이면 $a > 0$이고, 우하향이면 $a < 0$가 되지. 즉, 우상향인가 우하향인가의 차이는 정수 a가 양수인가 음수인가의 차이야. $y = ax$라는 비례식은 그대로지.

유리 양수와 음수…. 그런 종류의 반대인가….

나 응. 유리가 주목한 '우상향'과 '우하향'의 차이는 '$a > 0$'와

'$a < 0$'에 대응하지. 그건 x가 증가할 때 'y도 커진다'와 'y는 줄어든다'에 각각 대응하고.

$y = ax$의 그래프의 형태와 a의 관계

우상향 $a > 0$ a는 양수 x가 커지면 y도 커진다.

우하향 $a < 0$ a는 음수 x가 커지면 y는 줄어든다.

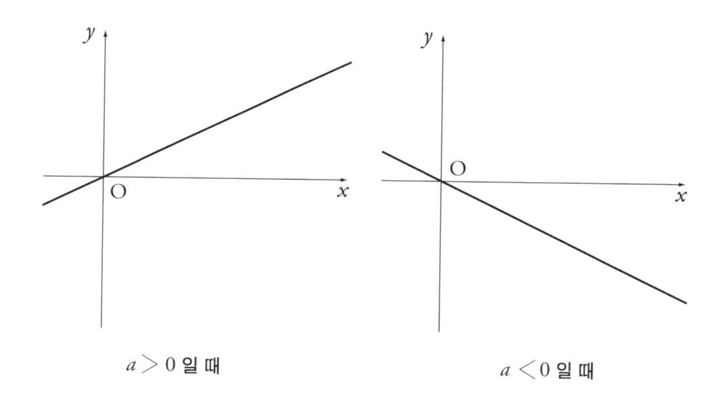

$a > 0$ 일 때　　　　$a < 0$ 일 때

유리 으음, 그런 거였구나….

나 그래서 말야, 반비례는 형태가 전혀 다른 식인 $y = \frac{a}{x}$로 정의돼.

유리 그거! 반대라기보다는, 전…혀 다르잖아!

나 듣고 보니 그러네.

유리 그렇다니까! 직선하고…, 어쩌구 곡선.

나 쌍곡선.

유리 그래프의 형태가 직선과 쌍곡선으로 전…혀 다른 형태잖아.

나 그럼, '식의 형태'를 조금 바꿔서 생각해 보자. 재미있는 점이 보일 거야. 쉽게 '반대'인 것을 찾을 수 있을 테니까.

유리 어? '반대'인 것을 찾을 수 있다니, 무슨 말이야?

4-7 식의 형태를 바꿔 보자

나 우선은 비례식부터. 지금은 일단 $x \neq 0$라고 해두자.

$y = ax$	비례식
$y \div x = a$	양변을 x로 나누었다. ($x \neq 0$라고 가정)

유리 이게 뭐 어쨌다는 거야? y를 x로 나눈 것뿐이잖아.

나 비례식에서 $y \div x = a$라는 식이 나오지. 이 식을 가만히

들여다보면 알 수 있는 것이 있어. '식의 형태에서 읽어낼 수 있는 것'을 찾아 봐.

유리 뚫어져라….

비례식의 형태에서 무엇을 읽어낼 수 있을까?

$$y \div x = a$$

나 뭔가 알겠어?

유리 아무것도 모르겠어.

나 그래? $y \div x = a$에서 a는 정수였지. 그러니까 'y가 x에 비례'할 때 '$y \div x$는 항상 일정'하다는 걸 알 수 있어.

유리 일정하다는 건 '변하지 않는다'는 거지…. 그것뿐이야?

나 그래. 유리는 '그것뿐이야?'라고 했지만, 사실 굉장한 거라고. x와 y는 값이 변하는 변수인데, 'x와 y는 멋대로 변할 수 없다'라고 하고 있는 거니까.

유리 멋대로 변할 수 없다고…?

나 그러니까, $y \div x$가 항상 일정한 값 a가 되지 않으면 안 된다는 제약…, 그런 제약에 묶여 있다는 거지.

유리 제약에 묶여 있다?

나 응, 그래. 움직이긴 움직이는데, 멋대로 움직일 수는 없어. 자유롭게 움직일 수 없는 거야.

유리 흐음.

나 'y가 x에 비례'할 때, '$y \div x$는 항상 일정'하지 않으면 안 돼. 그런 제약이 있는 것이 비례야.

유리 제약이라….

나 뭐, 제약은 정식으로 사용하는 수학 용어는 아니지만.

비례식의 형태에서 무엇을 읽어낼 수 있을까?

$$y \div x = a \quad (\text{일정})$$

나 그리고 이번엔 반비례야.

유리 응? 그렇지, 그쪽이 문제였지.

나 같은 방법으로 반비례식을 조금 변형해 보자. 반비례식은 기억나?

유리 기억나지! $y = \frac{a}{x}$ 잖아.

나 응, 그 식을 이렇게 변형하는 거야.

$$y = \frac{a}{x} \qquad \text{반비례식}$$

$y \times x = a$ 양변에 x를 곱한다.

유리 호오라….

나 자, 이번엔 뭐가 보여?

유리 이번엔 $y \times x$니까, 곱셈….

나 그렇지. 반비례식에서는 $y \times x = a$라는 식이 나와. 이 식을 가만히 보면 무엇을 읽어낼 수 있지?

반비례식의 형태에서 무엇을 읽어낼 수 있을까?

$$y \times x = a$$

유리 뚫어져라 볼 필요도 없어! 곱한 값이 일정해!

나 맞아! 잘 이해하고 있네.

유리 헤헤….

반비례에서는 $y \times x$가 항상 일정하다.

$$y \times x = a \quad (\text{일정})$$

나 $y \times x = a$에서 a는 일정한 값, 즉, 어떤 상수야. 그러니까 'y가 x에 반비례'할 때 '$y \times x$는 항상 일정'하다는 것을 알 수 있어. 이제 정리해 보자. $x \neq 0$로 두고.

비례와 반비례

비례일 때	$y \div x = a$	(일정)
반비례일 때	$y \times x = a$	(일정)

유리 호오, 호오….

나 이렇게 생각해 보면 'y가 x에 비례'할 때는 '$y \div x$가 일정'하고, 'y가 x에 반비례'할 때는 '$y \times x$가 일정'한 것은 알았지. 그럼 유리야, 나눗셈과 곱셈이면 반대라고 할 수 있지 않을까?

유리 그렇구나! 나눗셈과 곱셈. 확실히 반대구나! '반대'를 발견했어! 비례는 나눈 것이 일정하고, 반비례는 반대로 곱한 것이 일정하다! 아…, 이것도 제약이지?

나 그래. 비례와 반비례에서는 나눗셈과 곱셈이라는 반대의 제약이 있었던 거야.

유리 그렇구나!

유리는 흥미진진한 듯 식과 그래프를 번갈아 보고 있다. 그녀의 밤색 머리카락이 예쁜 금빛으로 반짝인다.

나 덧붙이자면, $y \div x$를 y와 x의 비라고 해.

유리 비?

나 그래. y와 x의 비를 $y : x$라고 쓰고, 이 비를 $y \div x$로 정의하지. 비를 생각할 때는 $x \neq 0$과 $y \neq 0$을 가정한다는 규칙이 있지만. 그러니까 'y가 x에 비례한다'는 건 '$y \div x$라는 비가 일정'하다는 것이기도 해.

유리 아⋯.

나 그 다음은⋯.

유리 있지, 오빠야! 나, 잘 모르는 게 있어.

나 응, 뭔데? 뭐든 괜찮아, 말해 봐.

유리 있지, '비례'는 '나눈 값이 일정'하고, '반비례'는 '곱한 값이 일정'하다는 건 알겠어.

나 응.

유리 어⋯, 말로 잘 표현 못하겠는데냐옹⋯. 뭔가가 '일정'하다는 게, 왜 그래프야?

나 응?

유리 어, 그러니까, '나눈 값이 일정'하다면 그래프의 형태가 왜 '직선'이 돼? '곱한 값이 일정'하다면 왜 '쌍곡선'이 돼?

나 그러니까…, 그건 답하기가 무척 어렵구나. 답이 될지 모르겠지만 '그래프의 형태'와 제약의 관계를 살펴볼까?

유리 에엥?

4-8 비례 그래프에서 a는 무엇을 나타내는가?

유리의 의문 (비례)

나눈 값 $y \div x$가 일정하면,
그래프의 형태가 왜 '직선'이 되는가?

나 우선 비례식은 $y = ax$였지. 여기서 a가 그래프의 무엇을 나타내는 건지 알아?

●●● **퀴즈**

비례식 $y = ax$에서 a는 그래프의 무엇을 나타내는가.

유리 a가 그래프의 무엇을 나타내냐…고?

나 응.

유리 배웠던 기억은 있는데…. 뭐였더라.

나 비례식 $y = ax$에서 a는 그래프의 기울기야. a가 커지면 우상향하는 정도가 커진다고 하면 될까.

유리 아…, 그랬었다. 기울기구나….

나 그래. a는 그래프의 기울기야. '기울기'라는 건 그래프의 언어야. 그래프의 형태로 보면 '1만큼 오른쪽으로 이동했을 때 a만큼 위로 이동한다'고 해도 돼. 그게 a야.

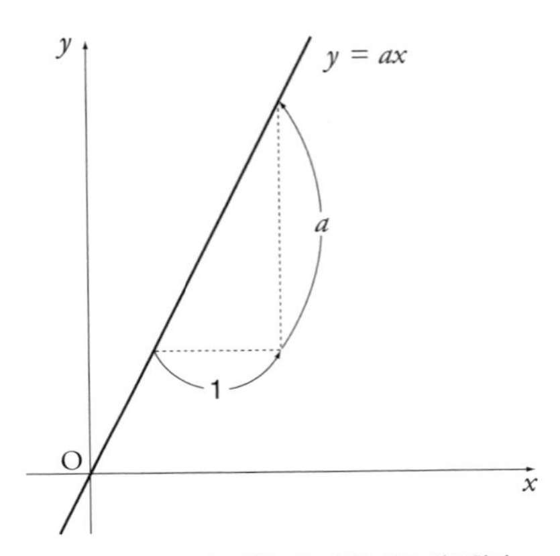

1만큼 오른쪽으로 이동했을 때 a 만큼 위로 이동한다

유리 흠흠. 그런데 그래프의 언어라니?

나 기울기가 그래프의 형태에 대해 이야기하고 있지? 그러니까 그래프의 언어라고 할 수 있어.

유리 흠흠.

〈퀴즈의 답〉

비례식 $y = ax$에서 a는 그래프의 기울기를 나타낸다.

나 '그래프의 언어'가 아니라 '식의 언어'를 사용한다면, 'x가 1 증가했을 때 y는 a만큼 증가한다'가 되겠지.

유리 a가 크면 확 커지겠다!

나 그렇지. $a > 0$이면 그래프가 우상향이 되겠지.

유리 그래서?

나 그래서 비례식은 $y = ax$로, a의 값은 일정해. a는 그래프의 기울기를 나타내니까, 'a가 일정'하다는 것은 '그래프의 기울기가 일정'하다는 게 되지.

유리 음…? 뭐, 그렇겠네.

나 달리 말하면 '기울기가 일정'하다는 것이 '비례 그래프'의 특징이지. 기울기가 일정한 도형, 즉 직선이야.

유리 그렇군, 그렇군. 엄청 돌려 말했지만, 어쨌든 알겠어. 비례 그래프는 기울기가 일정하고, 그래서 직선이야.

나 그래, 그래. 비례의 특징을 잘 알겠지?

유리 그런 듯….

유리의 의문에 대한 답 (비례)

나눈 값 $y \div x$가 일정하면,

그래프의 형태가 왜 '직선'이 되는가?

↓

그래프의 기울기가 일정하기 때문이다.

4-9 반비례 그래프에서 a는 무엇을 나타내는가?

나 그럼 똑같은 걸 반비례에 대해서도 알아보자. 반비례식은 $y = \frac{a}{x}$였지.

유리 응. 곱한 값 $y \times x$가 일정했어.

유리의 의문 (반비례)

곱한 값 $y \times x$가 일정하면,

그래프의 형태가 왜 '쌍곡선'이 되는가?

나 비례에서는 a가 '그래프의 기울기'였지. 그렇다면 반비례식 $y = \frac{a}{x}$에서 a가 그래프의 무엇을 나타낸다고 생각할 수 있을까?

유리 반비례 그래프에서 a는 무엇을 나타내고 있는가…?

●●● **퀴즈**

반비례식 $y = \frac{a}{x}$에서 a는 그래프의 무엇을 나타내고 있는가?

나 음, '반비례 그래프에서 a가 어디에 있는가'라고 묻는 편이 좋으려나.

유리 …모르겠다냐옹.

나 그럼, 힌트. $y \times x = a$지. $y \times x$는 그래프의 어디에 있지?

유리 하…. 오빠야, 미안, 모르겠어. 기브업이야.

나 기브업?

유리 포기라구!

나 '$y \times x$'를 '세로 × 가로'라고 생각하면, $y \times x$는 그래프 위에 있는 점이 만드는 '직사각형의 넓이'가 되는 거야!

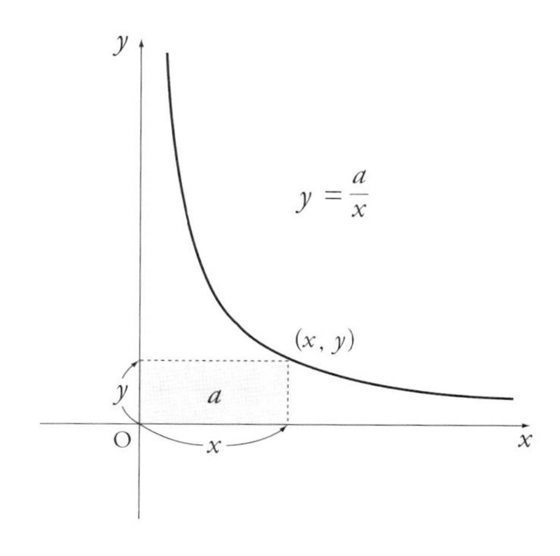

유리 오오오오오옷! 미안. 뭐가 대단한 건지 역시 모르겠다냥옹.

나 이런. 뭐, 당연한 일이지만. $y = \frac{a}{x}$, 즉 $y \times x = a$로, '세로가 y고 가로가 x인 직사각형의 넓이'가 a인 거야. 쌍곡선이란 그래프의 제약은 여기에 있는 거지. 사실 쌍곡선은 이 직사각형의 넓이가 일정한 곡선이야.

유리 넓이가 일정하다고?

나 그래. 쌍곡선 위의 어떤 점을 고르더라도 직사각형의 면적은 반드시 a가 된다는 거야.

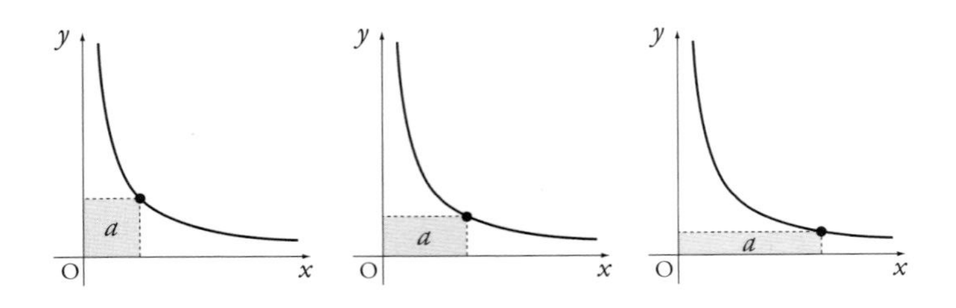

유리 오…, 그렇구나. 넓이가 일정하니까 가장자리 쪽으로 가면 가늘고 긴 직사각형이 되는구나.

〈퀴즈의 답〉

반비례식 $y = \frac{a}{x}$ 에서 a는
쌍곡선 위의 점이 만드는 직사각형의 넓이를 나타낸다.

나 응. 직선은 '만들어 내는 기울기가 일정'한 거고, 쌍곡선은 '만들어 내는 넓이가 일정'한 거야.

유리 그렇구나….

유리의 의문에 대한 답 (반비례)

곱한 값 $y \times x$가 일정하면,
그래프의 형태가 왜 '쌍곡선'이 되는가?

↓

그래프 위의 점이 만드는 직사각형의 넓이가 일정하기 때문이다.

유리는 다시 한 번 식과 그래프를 비교하며 살핀다.

유리 재미있구냐옹…. 있지, 오빠야. 저기, 오빠야의 이야기

가 재밌는 건 '식의 형태'와 '그래프의 형태'를 오가기 때문이야.

나 아, 그렇지. '식의 형태'를 조금 변형해서 '나눈 값이 일정'하다는 것과 '곱한 값이 일정'하다는 것을 발견했으니까.

유리 응! 그리고 '그래프의 형태'에 관한 이야기로 옮겨갔잖아.

나 그래프가 만들어 내는 '기울기가 일정하다'는 것과 '넓이가 일정하다'는 것도.

유리 맞아, 맞아…! 그게 재미있었어.

하지만 그 설명만으로 유리의 의문에 완벽히 대답한 것이라고 할 수 있을까? 직선은 그래도 괜찮다. 문제는 쌍곡선이다.

쌍곡선을 만들어 내는 것은, 만들 수 있는 넓이가 일정하다는 제약이다. 이것은 확실하다. 그러나 그것만으로 이 아름다운 곡선의 모든 것을 표현했다고 할 수 있을까?

나 있지, 유리야, 지금 생각난 게 있는데….

어머니 얘들아, 쿠키 다 구웠단다!

유리 오빠야! 배고파아! 쿠키 먹자!

나 으, 응, 그러자.

유리가 내 팔을 힘껏 잡아당겼다. 어머니께서 부엌에서 '얘들아'하고 부르실 때, 우리들의 수학 토크는 얼마간 방학에 들어간다.

비례와 반비례. 잘 알고 있다고 생각하지만 말로는 잘 표현하기 어렵다.

그런 경우는 많다.

그리고 나는 깨달았다.

테트라와 유리는 전혀 성격이 다르다.

그래도 공통점이 하나 있다.

그건…, 순수함이다.

모르는 것에 대한 순수함이다.

"즉, 문제 해결자는 '변화 없음'을 놓치지 않는다."

제4장의 문제

●●● 문제 4-1 (정사각형의 넓이)

정사각형의 넓이는 한 변의 길이에 비례하는가?

(해답은 225쪽에)

●●● 문제 4-2 (비례를 나타내는 식)

(1)~(4) 중에서 y가 x에 비례하는 것을 모두 고르시오.

(1) $y = 3x$

(2) $y = 3x + 1$

(3) $3y = x$

(4) $y - 3x = 0$

(해답은 226쪽에)

●●● 문제 4-3 (x와 y의 교환)

'y가 x에 비례한다'면 'x는 y에 비례한다'고 할 수 있는가?

(해답은 226쪽에)

●●● 문제 4-4 (합이 일정)

'나'와 유리의 대화에는 $y \div x = a$(일정)와 $y \times x = a$(일정)라는 2가지 식이 등장했다. 그럼, x와 y 사이에

$$y + x = a \quad (\text{일정})$$

라는 관계가 있다면 어떤 그래프가 되는가?

(해답은 227쪽에)

●●● 문제 4-5 (원점을 지나는 직선)

'비례할 때의 그래프는 항상 '원점을 지나는 직선'이 되고, 그래프가 '원점을 지나는 직선'이면 반드시 비례한다'(125쪽)는 문장에는 2개의 주장이 포함되어 있다.

(1) 비례할 때의 그래프는 항상
'원점을 지나는 직선'이 된다.

(2) 그래프가 '원점을 지나는 직선'이 되면
반드시 비례한다.

(1)은 참이지만, (2)는 엄밀히 말해서 참이 아니다.
왜일까?

(해답은 228쪽에)

제5장

교차하는 점, 접하는 점

"논리가 없는 문제 해결자는 존재하지 않는다."

5-1 도서실에서

방과 후, 도서실.

항상 앉는 자리에 후배인 테트라가 팔짱을 끼고 생각에 빠져 있다.

다가가는 나를 눈치채지 못하고 있는 것 같다.

나는 아무렇지도 않은 듯 그녀 옆 자리에 앉는다.

테트라 꺄아아아아앗!

나 우와아아아앗!

도서실 안의 시선이 이쪽으로 쏠렸다.

서가 정리를 하고 계시던 미즈타니 선생님도 이쪽을 휙 쳐다보셨다.

테트라 죄, 죄송해요. 선배님이 오셨는데 알아차리지 못하고…. 놀랐네요.

나 나도 같이 놀랐잖아…. 무슨 생각을 하고 있었던 거야?

테트라 저, 요전에 그래프를 이동하는 이야기를 해 주셨잖아요.

나 으응? 아아, $y = x^2$의 포물선을 이동시켰던가.

테트라 네, 맞아요. 그 포물선을 이동시켜서 $x = 0$과 $x = 2$에서 x축을 지난다면 $(x - 0)(x - 2)$라는 2차식을 만들면 된다고 하셔서….

나 응, 그랬지. $(x - 0)(x - 2) = x^2 - 2x$니까, 포물선은 $y = x^2 - 2x$겠네.

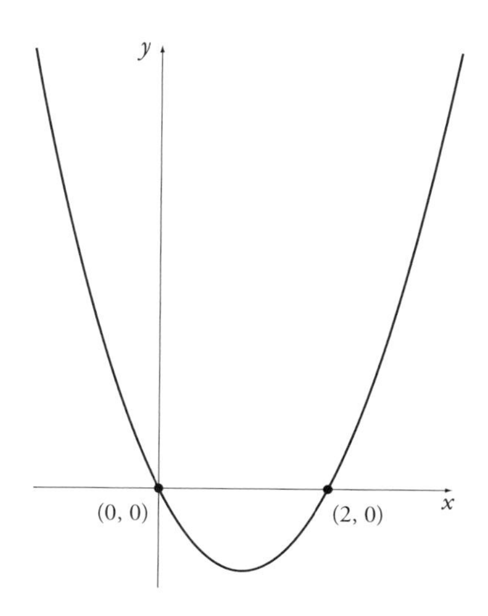

포물선 $y = x^2 - 2x$**는** $x = 0$, $x = 2$**일 때** x**축과 교차한다.**

테트라 네….

나 뭐가 이상해?

테트라 아니, 아니에요. 선배님께 중요한 것을 배웠다고 생각하는데요…. 저, 아직 '이해했다는 느낌'이 들지 않아서요.

나 그랬구나. 테트라는 이해가 안 가면 마음이 편치 않다고 하니까. 수학을 공부할 때 그건 아주 중요한 자세야.

테트라 그래도 포물선은 중학교에서 이미 배운 거긴 하죠….

나 아냐, 아냐, 초등학교나 중학교에서 배웠어도 '자신이 제대로 알고 있는가'와는 관계가 없어. 테트라가 말하는 '이해했다는 느낌'은 중요하다고 생각해.

테트라 그, 그런가요…. 감사합니다.

나 포물선에 대해서 좀 더 이야기해 볼까?

테트라 앗, 그렇게 해주세요!

나 그럼 어디서부터 이야기하는 게 좋을까?

테트라 가, 가능하다면 간단한 것부터….

5-2 x축 이야기

나 좌표평면의 x축에서부터 시작해 볼까. x축은 어떤 도형일까?

●●● **퀴즈**

x축은 어떤 도형일까?

테트라 어, 그러니까…. 좌표평면의 x축이란 건, 원점을 지나는 직선이죠. 아, 가로축이에요…! 이런 대답으로 충분할까요?

나 응, 우선은 그걸로 충분해. x축은 원점을 지나는 직선, 그건 틀림없는 사실이지. 그리고 x축을 가로축이라고 하기도 하지. 이것도 맞아. 한 발 더 나가서 생각해 보자. 테트라는 x축 위의 점 $(x,\ y)$에 어떤 성질이 있는지 알아?

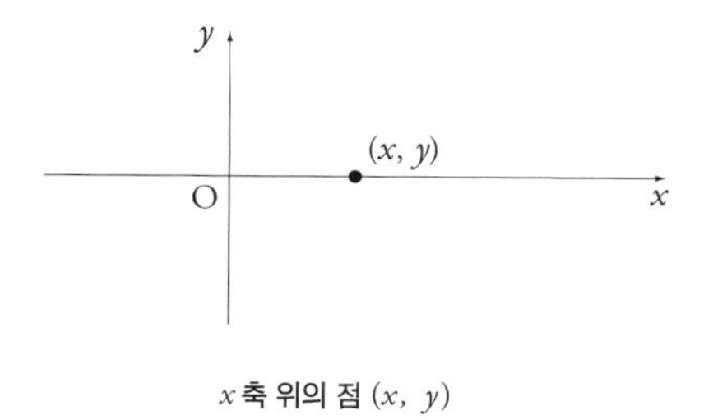

x축 위의 점 $(x,\ y)$

테트라 x축 위의 점 (x, y)의 성질…이라고요? 예를 들면 y가 0이랑 똑같다든가, 이런 거요.

나 응, 그건 아주 중요한 성질이야. 좀 사소한 부분이긴 하지만 y가 0과 '똑같다'는 건, 수학에서는 그냥 '같다'고 하는 경우가 많아.

테트라 아, 그랬죠. 'y는 0과 같다'군요.

나 그래 그래. 좌표평면에서 x축 위의 점 (x, y)는 반드시 y가 0과 같아. 달리 말하면 x축 위의 점은 모두 $(x, 0)$이라고 쓸 수 있겠지.

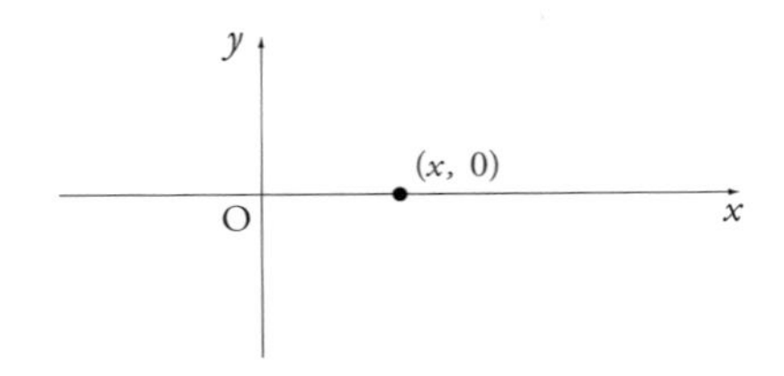

x축 위의 점은 $(x, 0)$으로 쓸 수 있다

테트라 네.

나 '점 (x, y)가 x축 위에 있다면, $y = 0$이다'라고 표현해도 돼. 그리고 그 역도 가능하지. $y = 0$이면, 점 (x, y)는 x축 위에 있어.

테트라 네…. 그런데 잠깐만요.

테트라가 손을 들었다.

나 응?

테트라 지금 선배는 역이라고 하셨는데, 뭐가 역이라는 거죠?

나 아아, 그렇구나. 확실하게 정리해 볼까. 점 (x, y)가 좌표평면 위의 점이라면, 다음의 명제1이 성립하겠지.

▶▶▶ **명제1** 점 (x, y)가 x축 위에 있다. $\Rightarrow y = 0$

테트라 네에, 맞아요.

나 명제1의 '역'이란 건 화살표의 방향을 거꾸로 한 명제2를 말해.

▶▶▶ **명제2** 점 (x, y)가 x축 위에 있다. $\Leftarrow y = 0$

테트라 하아…. 이건 '$y = 0$이면 점 (x, y)가 x축 위에 있다'는 거네요.

나 그렇지. 명제2를 명제1의 역이라고 부르고, 명제1은 명제

2의 역이라고 불러.

테트라 네, 역이라는 말의 의미는 알겠어요.

테트라는 '비밀노트'를 꺼내 메모했다.

나 그래서 말야, $P \Rightarrow Q$와 $P \Leftarrow Q$가 모두 성립할 때, P와 Q라는 2개의 조건을 동치라고 해.

테트라 네? 갑자기 P와 Q가 튀어나왔네요?

나 아까 이야기한 명제1을 이용해서 설명하면, P는 '점 (x, y)가 x축 위에 있다'는 조건이고, Q는 '$y = 0$'이란 조건이 되지.

테트라 아, 네.

나 이야기가 옆길로 샌 건가. 조금 정리하자면….

▸▸▸ **명제1** 점 (x, y)가 x축 위에 있다. $\Rightarrow y = 0$

▸▸▸ **명제2** 점 (x, y)가 x축 위에 있다. $\Leftarrow y = 0$

나 이 두 명제가 성립하니까, 다음 명제3이 성립하는 것이 돼. '$\Leftrightarrow$' 표시는 좌우의 조건이 동치라는 뜻이지.

▶▶▶ **명제3** 점 (x, y)가 x축 위에 있다. $\Leftrightarrow y = 0$

테트라 죄송해요. 이건 '점 (x, y)가 x축 위에 있다'는 조건과 '$y = 0$'이라는 조건이 '똑같다'고 하는 거죠?

나 응, 그렇지…. 있잖아, 테트라가 지금 말한 '똑같다'는 말을 수학에서는 '동치'라고 해.

테트라 아차차! 또 '똑같다'라고 했네! 아까랑 똑같은 실수를! 아냐, 아냐. 아까랑 똑같은 실수가 아니라, 아까와는 다른 '똑같은' 실수! 다른 '똑같다'? 제가 지금 무슨 말을 하고 있는 거죠?

테트라가 오버하며 머리를 두 손으로 쥐자, 달콤한 향기가 화악 풍겨왔다.

나는 테트라가 진정되는 것을 기다렸다가 이야기를 계속한다.

나 어, 그럼 테트라, 이제 괜찮지? x축의 이야기로 돌아가면, 이렇게 돼. 좌표평면에서 '점 (x, y)가 x축 위에 있다'와 '$y = 0$'은 동치야. 그러니까 점 (x, y)가 x축 위의 점인지 아닌지를 알고 싶으면, y가 0과 같은지를 알아보면 돼.

테트라 ….

나 뭘 하고 있는 건지 알겠지, 테트라?

테트라 네…. 아니요, 저, 알겠지만 모르겠어요. 당연한 이야기를 반복해서 하는 느낌인데…. 죄송해요.

나 그렇지. 이 이야기는 '도형의 세계'와 '수식의 세계'를 잇고 있다고 생각하면 이해가 쉬워.

테트라 '도형의 세계'와 '수식의 세계…'라구요?

나 그래 그래. 점이 x축 위에 있는가에 관한 것은 '도형의 세계'에서의 이야기지.

테트라 어, 그럼 그건 점이 도형이기 때문인가요?

나 응, 그래. 그리고 $y = 0$은 '수식의 세계'에서의 이야기지.

테트라 하하아…. 알겠어요. '도형의 세계'에서의 이야기와 '수식의 세계'에서의 이야기를 잇고 있다…. 아, 이것도 '비밀노트'에 적어 둘게욧! (선배님, 비밀이에요)

테트라는 그렇게 말하면서 이쪽을 흘끔 쳐다본다.

도대체 누구에게 비밀이란 걸까…?

5-3 포물선 이야기

나 그럼. 지금까지 한 이야기를 통해 x축에 대해서는 이제 잘 알겠지. '점 (x, y)가 x축 위에 있다'는 건 '$y = 0$'과 동치야. 그러니까, x축이란 건 $y = 0$을 만족하는 직선이라고 해도 돼.

〈퀴즈의 답〉

x축은 $y = 0$를 만족하는 직선이다.

테트라 네.

나 그럼 여기서부턴 포물선에 대해 생각해 보자. 예를 들어, '방정식 $y = x^2 - 2x$로 나타낼 수 있는 포물선'을 예로 들거야. 이런 포물선이지.

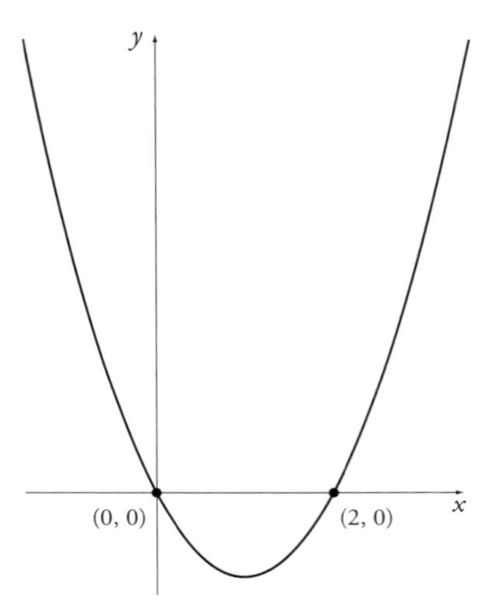

방정식 $y = x^2 - 2x$로 나타낼 수 있는 포물선

그때 테트라가 손을 번쩍 들었다. 테트라는 질문이 있으면 상대방과 일대일로 이야기하고 있을 때도 손을 든다.

나 왜?

테트라 죄송해요, 이야기 중간에 끼어들어서요…. 저, 지금 '방정식'이라고 하셨죠?

나 응. 이 포물선의 방정식은 $y = x^2 - 2x$야. 그게 왜?

테트라 저…, 기본적인 걸 자꾸 여쭤봐서 죄송한데요. 방정식이라고 하면 'x를 구한다'는 이미지가 있는데…. '방정식을 풀어서 x를 구하시오'처럼 말이에요. 그런데 포물선은 도형이잖아요. 도형에 '방정식'이란 표현은 왜 쓰는 건가요? 푸는 게 아니잖아요.

나 테트라는 표현에 신경을 많이 쓰는구나. 그래도 그건 아주 좋은 질문이야. 일단 '방정식'이란 말은 떼어 놓고 설명해 볼게. 우선, $y = x^2 - 2x$라는 게 뭐냐면, x와 y가 어떠한 관계를 만족시키고 있는가를 나타내는 식이지. 예를 들어 $x = 1$이라면, $y = -1$이어야만 해. $x = 1$일 때 y는 2나 3이 될 수 없어.

테트라 지, 지금 이야기하신 건 계산하신 거죠? $y = x^2 - 2x$의 x에 1을 대입해서.

$y = x^2 - 2x$	어떤 포물선의 방정식
$= 1^2 - 2 \times 1$	예를 들어, $x = 1$을 대입한다.
$= 1 - 2$	$1^2 = 1$이니까
$= -1$	$1 - 2 = -1$이다.

나 응, 맞아. $y = x^2 - 2x$라는 식이 성립한다면, $x = 1$일 때 $y = -1$이라는 거지. $y = x^2 - 2x$란 식은 x와 y가 만족시키는 관계를 나타내고 있다고 할 수 있어.

테트라 네, 알겠어요.

나 그리고 '$x = 1$일 때 $y = -1$'이라는 건 '수식의 세계'에서 말하는 방법이지.

테트라 앗…! 맞아요!

나 이 포물선에서는 x와 y는 아무 값이나 될 수 있는 것이 아니라, 반드시 $y = x^2 - 2x$라는 관계를 만족시키지 않으면 안 된다는 거야.

테트라 네, 네. 그런 룰이란 거죠.

나 그래, 룰이야. 포물선 $y = x^2 - 2x$가 만들어내는 룰이지.

그러고 보니, 요전에 유리와 이야기할 때는 제약이라고 표현했었지….

나 이제 좌표평면으로 눈을 돌려 보자. x와 y가 어떤 실수여도 (x, y)는 좌표평면의 어딘가에 있는 한 점에 대응하지.

테트라 어…. 네, 대응하고 있죠.

나 x와 y가 어떤 실수여도 괜찮다면, 점 (x, y)는 좌표평면 위를 자유롭게 이동할 수 있지. 하지만….

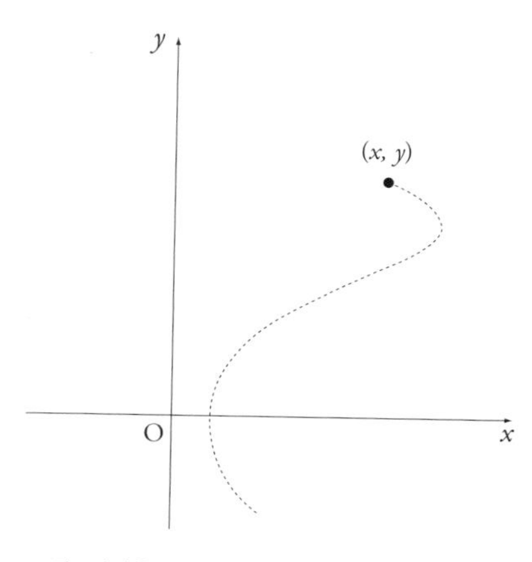

좌표평면을 자유롭게 이동할 수 있는 점 (x, y)

테트라 하지만…?

나 만약 x와 y가 $y = x^2 - 2x$라는 관계를 만족시켜야 한다면 어떨까? x와 y가 '$y = x^2 - 2x$를 만족시킨다'는 룰을 지킨다면 점 (x, y)는 자유롭게 이동할 수 있을까?

테트라 ….

나 x와 y가 '$y = x^2 - 2x$를 만족시킨다'는 룰을 지켜야 한다면, 점 (x, y)는 더 이상 자유롭게 이동할 수 없지. 좌표평면 위에서 점 (x, y)가 '존재할 수 있는 곳'과 '존재할 수 없는 곳'이 있는데, '존재할 수 있는 곳'이란 건….

테트라 아, 저기! 그게 포물선…이 되는 건가요?

나 바로 그거야! $y = x^2 - 2x$란 식을 만족시켜야 한다는 룰이 있다면, 점 (x, y)가 '존재할 수 있는 곳'은 제한되지. '존재할 수 있는 곳'을 그림으로 나타낸 것이 그래프야. 점이 존재할 수 있는 건 이 그래프, 즉 포물선 위뿐이야.

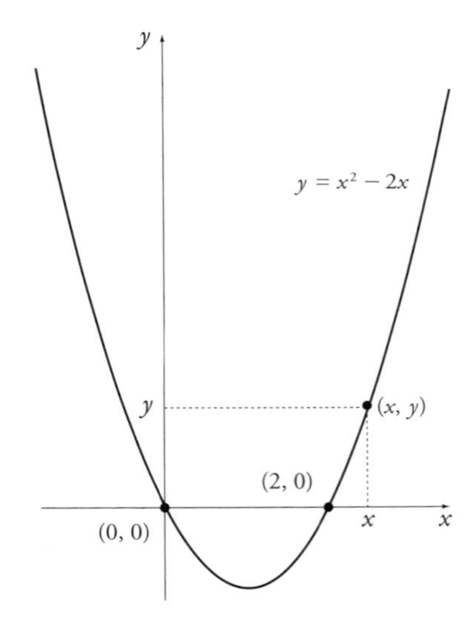

$y = x^2 - 2x$를 만족시키는 점 (x, y)가 존재하는 곳

테트라 하아…. 그렇군요.

나 이야기를 다시 '방정식'으로 돌려보자. '방정식을 푼다'는 게 어떤 거냐면, 방정식에 나오는 x와 y같은 미지수의 값

으로 방정식을 만족시키는 값 모두를 구하는 거지.

테트라 …맞아요.

나 그런데 포물선 $y = x^2 - 2x$를 그릴 때, 그 포물선은 $y = x^2 - 2x$라는 식을 만족시키는 점 (x, y)를 모두 모은 것이 돼.

테트라 아, 네.

나 그러니까 좀 더 생각해 보면, 포물선을 그린다는 건 그야말로 $y = x^2 - 2x$라는 방정식을 푸는 거랑 같아. 아무튼 점 (x, y)가 포물선 위에 있다면, $y = x^2 - 2x$를 만족시키고 있고, 역으로….

테트라 역!

나 그래, 그래. 역으로, x와 y가 $y = x^2 - 2x$를 만족시키면 점 (x, y)는 포물선 위에 있게 되니까.

테트라 …!

나 그렇다면 '점 (x, y)가 포물선 $y = x^2 - 2x$ 위에 있다'는 것과 'x와 y가 $y = x^2 - 2x$를 만족시킨다'는 건 뭘까?

테트라 저요, 저욧! 동치입니다!

나 그렇지. 그러니까, 이 포물선을 그렸다는 건 $y = x^2 - 2x$라는 방정식을 풀었다는 게 되지. 그렇게 생각하면 '포물선의 방정식'이란 표현은 아주 이해하기 쉬운 거야.

테트라 선배님, 선배님!

테트라가 '비밀노트'를 잽싸게 펼쳤다.

나 왜 그래?

테트라 선배님! 이것도 역시 '도형의 세계'와 '수식의 세계'를 연결하는 이야기네욧! 아까는 x축과 $y = 0$ 이야기였죠.

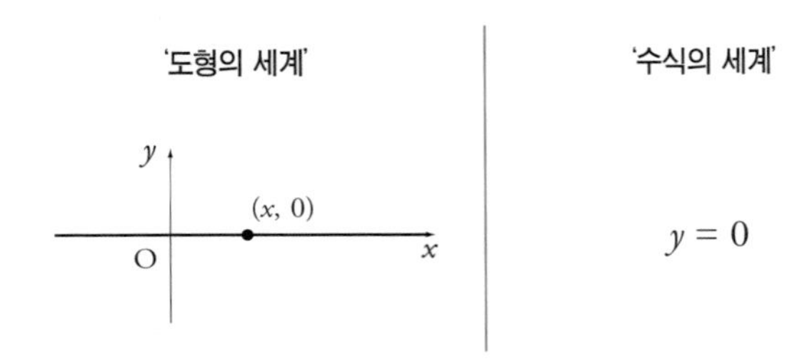

나 응, 그랬지.

테트라 그리고 이번엔 포물선과 $y = x^2 - 2x$의 이야기예요!

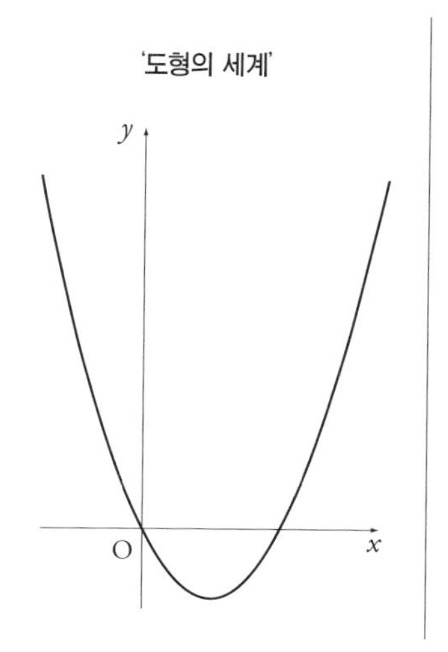

'수식의 세계'

$$y = x^2 - 2x$$

나 그래, 맞아. 테트라는 잘 소화해 내는구나. 잘 생각해 내네.

테트라 그, 그런가요! 생각해 낼 수 있었던 건 이 비밀노트에 적어뒀기 때문일지도 몰라요!

테트라는 부끄러운 듯 노트로 입가를 가렸다.

5-4 교차하는 점

나 그럼 지금까지 포물선과 x축의 이야기를 했는데, 이번엔 교점에 대해서 이야기해 볼까.

테트라 이번엔 교점이네요. 넵!

테트라는 이야기를 열심히 잘 들어주기 때문에, 설명하고 있으면 나까지도 왠지 즐거운 기분이 된다.

나 좋아. 포물선과 x축의 교점은 2개의 도형이 교차하면서 생기는 점이지.

테트라 맞아요.

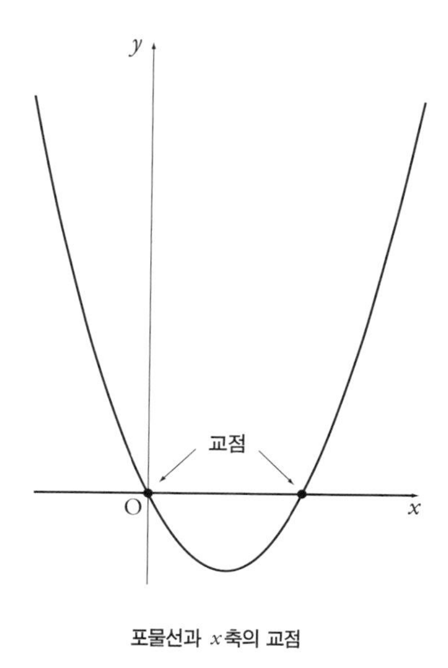

포물선과 x축의 교점

나 그래서 교점이란 건 '도형의 세계'에서의 표현이 되는 거지. 그에 비해….

미르카 둘이 재미나 보이네.

테트라 아, 미르카 선배님!

이번에도 미르카는 소리도 없이 나타났다.

긴 검은 머리를 찰랑이며 시트러스 향과 함께.

나 지금 포물선과 x축의 이야기를 하고 있었어.

미르카 그래?

미르카는 금속테 안경을 치켜 올렸다.

테트라 저, 저기…. 포물선을 이동하는 이야기가 아직 잘 이해가 안 돼서요.

미르카 아아, 2차식 이야기.

나 그래, 미르카. 지금 딱 그 이야기를 하려던 참이었어.

미르카 계속해.

미르카는 그렇게 말하고 맞은편 자리에서 책을 읽기 시작했다. 나는 조금 긴장한 채로 테트라에게 설명을 다시 시작한다.

나 포물선 $y = x^2 - 2x$ 위에는 무수한 점이 있지.

테트라 네, 맞아요.

테트라는 손으로 휙 하고 포물선을 그렸다.

나 그 포물선 위에 있는 점을 (x, y)라고 하면, x와 y에는 룰이 있어.

테트라 네, 그랬죠. 반드시 $y = x^2 - 2x$가 성립하는 거죠.

나 그래서 x축 위에도 무수한 점 (x, y)가 있고, 그 x와 y에도 룰이 있어.

테트라 네, 네. 잘 알고 있어요. 반드시 $y = 0$이 성립한다는 거죠. 'x와 y의 룰이에요'라고 해도, x는 안 나오지만요.

나 응, 맞아. 지금부터 이 2개의 도형이 교차할 수 있는 점을 생각해 보자. 즉, 교점을 생각해 보는 거야.

테트라 네, 여기랑 여기에 있는 점이네욧!

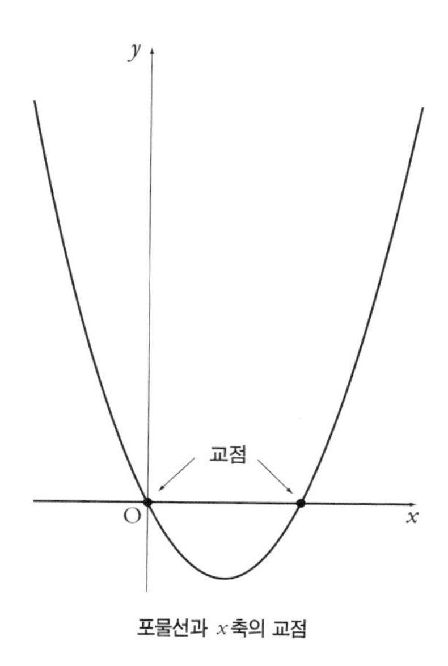

포물선과 x축의 교점

나 응, 맞아. 그래서 이 교점을 (x, y)라고 나타낼 때도 룰이 있어.

테트라 어, 그러니까…. 교점이라는 룰 말이죠? 교차하고 있는 점의 룰…. 그러니까….

테트라는 눈썹을 살짝 찡그린 채 중얼거리면서 생각에 빠져 있다.

나 그렇게 어렵게 생각할 필요는 없어, 테트라. 우리는 지금까지 포물선과 x축에 대해 이야기했지.

포물선

'도형의 세계'		'수식의 세계'
점 (x, y)는 포물선 $y = x^2 - 2x$ 위에 있다.	$\Leftrightarrow$	$y = x^2 - 2x$

x축

'도형의 세계'		'수식의 세계'
점 (x, y)는 x축 위에 있다.	$\Leftrightarrow$	$y = 0$

테트라 네, 그랬어요.

나 문제가 되는 건 이거지. '점 (x, y)는 포물선 $y = x^2 - 2x$와 x축과의 교점이다'라는 것도 '도형의 세계'의 표현이지만, 이것에 대응하는 '수식의 세계'의 표현은 뭘까?

'도형의 세계'		'수식의 세계'
점 (x, y)는 포물선 $y = x^2 - 2x$와 x축과의 교점이다.	$\Leftrightarrow$	【 ? 】

테트라 그러니까, 교점이란 건 2개의 도형이, 어, 그러니까, 교차해서 생기는 점이죠. 그러니까 이렇게…, 교차하고 있으면 점이 생겨요. 아아, 어렵네요….

테트라는 열심히 손짓 발짓을 동원해서 설명하려고 한다.

나 그래. '교점이란 무엇인가'라는 질문에 제대로 대답하는 건 아주 어렵지.

테트라 맞아요. 눈에 보이니까 오히려 어려워요. '이봐, 이거야!' 하고 말하고 싶어져요.

나 그럼, 우선 다음 문장을 다르게 표현해 보면 어떨까?

> 점 (x, y)는 포물선 $y = x^2 - 2x$와 x축의 교점이다.

테트라 다르게 표현한다고요?

나 응, 표현을 이렇게 바꿔보면 이해하기 쉬울지도 모르겠다.

> 점 (x, y)는
> 포물선 $y = x^2 - 2x$ 위에도 있고, x축 위에도 있다.

테트라 이건 포물선과 x축, 양쪽 모두 위에 있다는 의미인가요?

나 응, 그래. 두 도형 모두 위에 있는 점. 그렇게 교점을 설명하는 거지.

테트라 그러고 보니, 그렇지만…. 다 이해했다고 하기엔 뭔가 조금 부족한 것 같아요.

나 응, 여기까지는 아직 '도형의 세계'의 언어니까.

미르카 도형의 세계?

미르카가 갑자기 끼어들었다.

나 아, 그래. 아까 '도형의 세계'와 '수식의 세계'를 이용해서 설명했어.

미르카 흐음…. 좀 더 테트라의 이해력을 신뢰하고 템포를 빨리하는 편이 좋겠다.

미르카는 그렇게 말하고는 '독서의 세계'로 돌아갔다. 언제나 그렇듯 자기 마음대로구나.

나 그럼…. '양쪽 모두 위에 있다'에 대응하는【?】가 무엇인지 생각해 보자.

●●● **문제**

【?】에 들어가는 것은 무엇일까.

'도형의 세계'		'수식의 세계'
점 (x, y)는 포물선 $y = x^2 - 2x$와 x축 모두의 위에 있다.	$\Leftrightarrow$	【?】

테트라 네….

나 【?】는 '$y = x^2 - 2x$와 $y = 0$을 동시에 만족시킨다'로 보면 돼.

테트라 동시에 만족시킨다…!

나 응. $y = x^2 - 2x$라는 포물선의 방정식과 $y = 0$이라는 x축의 방정식을 동시에 만족시킨다는 거야.

〈해답〉

'도형의 세계'		'수식의 세계'
점 (x, y)는 포물선 $y = x^2 - 2x$와 x축 모두의 위에 있다.	$\Leftrightarrow$	$y = x^2 - 2x$와 $y = 0$을 동시에 만족시킨다.

테트라 그렇군요…. 그렇게 말할 수 있겠네요.

나 교점은 2개의 방정식을 동시에 만족시키는 점이지.

테트라 네.

미르카가 나를 흘끗 쳐다본다. 뭔가 하고 싶은 말이 있는 모양이다.

나 있잖아, 테트라.

테트라 네, 선배님.

나 이제 우리가 잘 알고 있는 지점에 다다른 거야.

테트라 저희가 잘 알고 있는 지점요?

테트라는 주위를 두리번거린다.

나 그래. 우린 지금 2개의 방정식을 동시에 만족시키는 점을 찾고 싶은 거지. 그건, 즉….

테트라 즉?

나 즉, 연립방정식을 풀면 된다는 거야!

$$\begin{cases} y = x^2 - 2x & \cdots \text{ⓐ 포물선의 방정식} \\ y = 0 & \cdots \text{ⓑ } x\text{축의 방정식} \end{cases}$$

테트라 앗!

나 그래. 2개의 방정식을 동시에 만족시키는 x와 y를 구하는 거니까, 연립방정식을 풀면 되는 거야. 그러니까 이제 우린 '2개의 도형의 교점을 구하는 방법'까지 다다른 거지. 2개의 도형의 교점을 구하는 건 '2개의 도형의 방정식을 연립해서 푸는 것'이 돼!

테트라 이해가 잘 됐어요!

2개의 도형의 교점을 구하는 방법(?)

2개의 도형의 방정식을 연립해서 푼다.

나 실제로 ⓐ와 ⓑ를 연립해서 풀면….

$$\begin{cases} y = x^2 - 2x & \cdots \text{ⓐ 포물선의 방정식} \\ y = 0 & \cdots \text{ⓑ } x\text{축의 방정식} \end{cases}$$

0	$=$	$x^2 - 2x$	ⓑ $y = 0$을 ⓐ에 대입했다.
$x^2 - 2x$	$=$	0	좌변과 우변을 바꾼다.
$x(x-2)$	$=$	0	x로 묶는다(인수분해).

나 $x(x-2)$가 0과 같다는 건, $x = 0$ 혹은 $x = 2$라는 거지. ⓑ에 따르면 $y = 0$이니까 교점은 $(x, y) = (0, 0), (2, 0)$, 두 개가 되지.

포물선 $y = x^2 - 2x$와 x축의 교점은 아래 연립방정식을 풀어서 구할 수 있다.

$$\begin{cases} y = x^2 - 2x \\ y = 0 \end{cases}$$

교점은 $(x, y) = (0, 0), (2, 0)$이다.

테트라는 잠시 생각한 뒤 말을 이었다.

테트라 조금 알 것 같아요. 이런 순서로 생각한 거죠?

포물선과 x축의 교점을 구하고 싶다.

↓

포물선의 방정식과 x축의 방정식을

동시에 만족시키는 점을 구하면 된다.

↓

두 도형의 방정식을 연립해서 푼다.

나 응, 네가 말한 대로야. 잘 정리했네. 그리고 포물선과 x축의 교점을 구하는 건, 포물선의 방정식에서 생각한다면 결국 $y = 0$인 2차 방정식을 푸는 것과 같아.

- 포물선의 방정식 $y = x^2 - 2x$
- $y = 0$인 2차 방정식 $0 = x^2 - 2x$

테트라 아하, $x^2 - 2x = 0$이란 2차 방정식이군요.

나 그래. 그리고 $x^2 - 2x = 0$을 풀기 위해서는 인수분해하면 돼.

테트라 선배님은 아까 x로 묶어서 $x(x-2)$로 인수분해하셨는데, 요전에는 $(x-0)(x-2)$라는 식으로 나타내셨죠.

나 아, 그랬었지. 괜히 늘여서 쓴 것 같지만, 이렇게 쓰면 교점과 x좌표가 한 눈에 보이게 되지. 0과 2라는 걸 쉽게 알 수 있어.

$$(x - \underline{0})(x - \underline{2}) = 0$$

테트라 네. 뭐랄까, 여러 식들이 연결되는 것 같아요. 포물선의 방정식…. 2차 방정식…. 2차식…. 인수분해한 식….

5-5 접하는 점

불쑥 미르카가 읽고 있던 책을 접고 말을 걸었다.

미르카 있잖아, 빨리 접점에 관한 이야기를 시작해 주면 좋겠는데.

나 어?

미르카 포물선은 이동시키는게 더 재미있어. 예를 들어, 다른 포물선 $y = x^2 - 2x + 1$에 대해 생각해 보자. 이 포물선과 x축 위에 동시에 있는 점은?

미르카는 곧장 나를 가리켰다.

나 아아, 그거 말이지. 응, $y = x^2 - 2x + 1$과 $y = 0$의 연립방정식을 푸는 거니까… $(1, 0)$인가. 그건 접점이겠네.

테트라 네? 선배님, 어째서 그래프를 그리지 않고도 금방 알 수 있는 거죠?

나 아, 테트라. $y = x^2 - 2x + 1$이라는 식의 형태를 보면 금방 알 수 있어.

테트라 식의 형태요?

나 이렇게 인수분해하는 방법은 알고 있지?

$$x^2 - 2x + 1 = (x - 1)^2$$

테트라 네에…. 이건 알고 있는데요.

나 이걸 사용하면 $y = x^2 - 2x + 1 = (x - 1)^2$이라고 쓸 수 있지. 아까 미르카가 말한 포물선의 방정식 $y = x^2 - 2x + 1$은 이렇게 식의 변형이 가능하지. 괄호 안에 정리된 x에 관한 식의 제곱으로 나타낸 완전제곱식이야.

$$y = x^2 - 2x + 1 \qquad \text{포물선의 방정식}$$

$y = (x-1)^2$ 　　　　　 완전제곱식으로 나타냈다.

테트라 네…. 그렇게 할 수 있겠네요.

나 그렇다는 건 연립방정식도 이렇게….

$$\begin{cases} y = (x-1)^2 & \cdots \text{ⓒ 포물선의 방정식} \\ y = 0 & \cdots \text{ⓓ } x\text{축의 방정식} \end{cases}$$

나 이걸 풀면 $(x, y) = (1, 0)$이라는 점을 구할 수 있어.

테트라 그 점이 접점이 되는 건가요?

나 그래.

미르카 완전제곱식도 좋지만, 우선 테트라를 위해 그림을 그려줘야겠지.

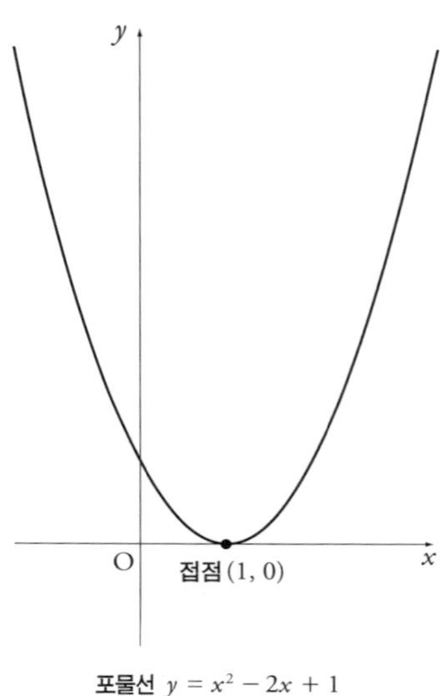

포물선 $y = x^2 - 2x + 1$

테트라 그렇구나! x축과 교차하는 것이 아니라 x축에 닿아있는 거군요! 확실히 접점이네요!

나 맞아, 나는 '연립방정식을 풀어 교점을 구한다'고 했지만, 접점이 되는 경우도 있다는 거네.

2개의 도형의 교점 또는 접점을 구하는 방법

2개의 도형의 방정식을 연립해서 푼다.

포물선 $y = x^2 - 2x$는 x축과 2개의 교점을 가진다.

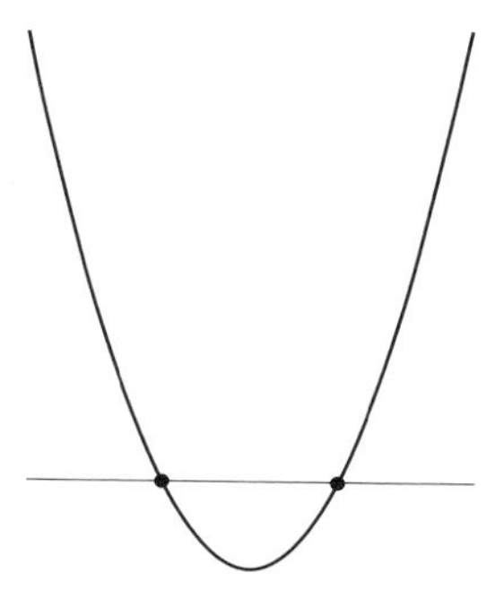

포물선 $y = x^2 - 2x + 1$은 x축과 1개의 접점을 가진다.

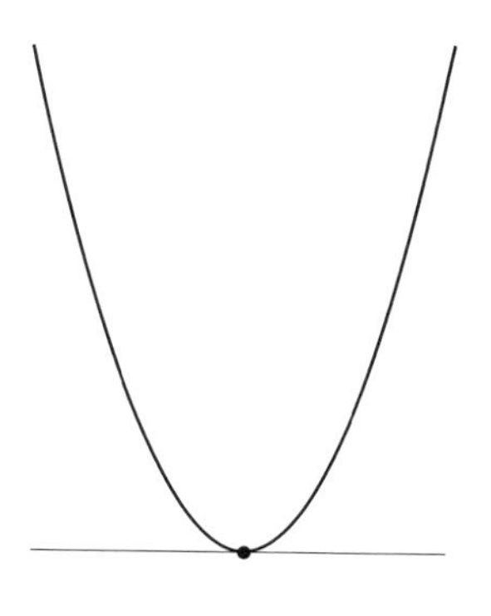

테트라 접하는 점. 접점은 교점과는 다르군요!

미르카 그 정도로 끝나는 간단한 이야기가 아냐. 교점이라는 용어는 다소 애매한 부분이 있으니까. 예를 들어, 많은 수학 관련 서적에서는 접점을 교점의 한 종류로 다루지. 도형이 접하고 있을 때의 교점을 접점이라고 부른다는 거야.

나 그렇군.

미르카 그에 비해 학교에서 사용하는 참고서에서는 교점과 접점을 마치 다른 것처럼 다루는 경우가 있지. 그리고 둘을 함께 나타내기 위해 공유점이라는 용어를 쓰기도 하지만, 수학 관련 서적에서는 별로 쓰이는 일이 없어.

테트라 공유점….

미르카 어쨌든, 포물선과 직선의 방정식을 연립해서 교점과 접점을 구하는 것에는 차이가 없어.

미르카의 말이 갑자기 빨라졌다.

미르카 완전제곱식을 사용해서 $y = (x - 1)^2 + \alpha$(알파)라는 형태의 식을 생각해 보자. 그럼, 이 그래프를 5개 그려볼까.

Ⓐ부터 Ⓔ까지 5개의 그래프를 그려보자.

$$y = (x-1)^2 - 2 \quad Ⓐ$$

$$y = (x-1)^2 - 1 \quad Ⓑ$$

$$y = (x-1)^2 + 0 \quad Ⓒ$$

$$y = (x-1)^2 + 1 \quad Ⓓ$$

$$y = (x-1)^2 + 2 \quad Ⓔ$$

미르카 $y = (x-1)^2 + \alpha$는 $y = (x-1)^2$을 α만큼 위로 이동시킨 포물선의 그래프라는 것에 주의하면서 그리면 어렵지 않아.

나 그렇겠네.

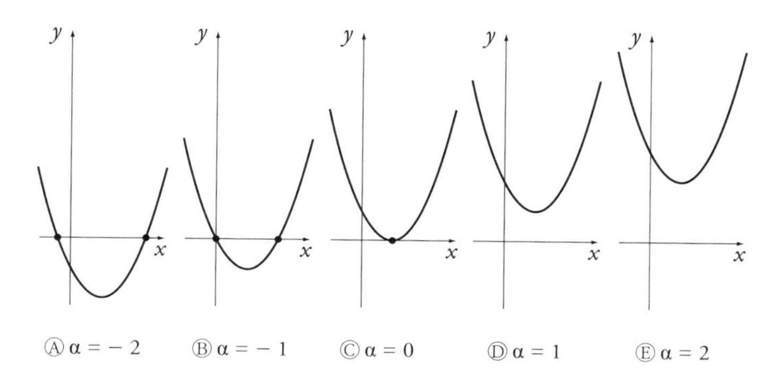

$y = (x-1)^2 + \alpha$의 그래프

테트라 위로 쭉쭉 올라가네요…. Ⓐ → Ⓑ → Ⓒ → Ⓓ → Ⓔ의 순서로 점점 포물선이 위로 올라가면서 포물선과 x축의 교점이 서로 점점 가까워지고 결국 Ⓒ일 때 교점이 접점이 되네요!

나 그렇네.

미르카 테트라가 Ⓓ에 대해서도 이야기해 봐.

미르카는 마치 선생님처럼 테트라를 가리켰다.

테트라 네. Ⓒ를 지나 Ⓓ와 Ⓔ가 되면 이미 포물선은 x축에서 멀어져 버립니다. 교점도 접점도 없습니다!

나 '도형의 세계'에서는 '교점도 접점도 없다'가 되고, 연립방정식에서 이건 '해가 없음'에 대응하는 거지.

미르카 실수 범위에서는 그래. '교점도 접점도 없다'는 것이 '해가 없음'에 대응하지. 단, 실근이 없더라도 복소수근은 존재할 수 있어.

나 아, 그렇지.

테트라 교점도 접점도 없어도….

나 테트라, 잘 이해가 안 되는 부분이 있어?

테트라 아, 조, 조금 생각해 보고 싶은 부분이 있어요.

나 뭔데?

테트라 아뇨, 그러니까, 저…. 비밀이에요.

테트라는 작은 목소리로 말하고는 비밀노트로 얼굴을 가렸다.

미즈타니 선생님 하교 시간입니다.

수학 토크도 미즈타니 선생님 목소리에 일단 종료.
테트라는 도대체 무엇을 생각해 보고 싶은 걸까.
어쨌든, 이제부터는 생각하는 시간.
우리가 각자 혼자서 생각해 볼 시간이다.

"그리고 논리만 가지고 있는 문제 해결자도 없다."

제5장의 문제

●●● 문제 5-1 (y축의 방정식)

'나'와 테트라의 대화에서는 x축을 나타내는 직선의 방정식이 나왔다. 그렇다면 y축을 나타내는 직선은 어떤 방정식일까?

(해답은 229쪽에)

●●● 문제 5-2 (y축과의 교점)

포물선 $y = x^2 - 2x + 1$과 y축과의 교점의 좌표를 구하시오.

(해답은 230쪽에)

●●● 문제 5-3 (포물선과 직선의 교점)

포물선 $y = x^2$과 직선 $y = x$의 교점의 좌표를 구하시오.

(해답은 230쪽에)

모월 모시. 수학 자료실에서.

소녀 우와, 여러 가지 것들이 있네요!

선생님 그렇지.

소녀 선생님, 이건 뭐죠?

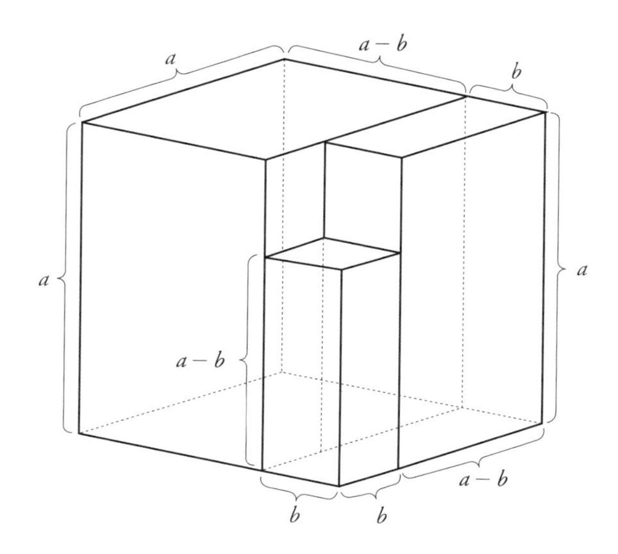

선생님 뭔 것 같아?

소녀 항등식?

선생님 그래. 이 항등식을 이용해서 도형을 설명한 거야.

$$(a - b)(a^2 + ab + b^2) = a^3 - b^3$$

소녀 이렇게 전개한 거네요.

$$(a - b)(a^2 + ab + b^2) = \underbrace{(a - b)a^2}_{\text{왼쪽에 있는 직육면체}} + \underbrace{(a - b)ab}_{\text{오른쪽에 있는 직육면체}} + \underbrace{(a - b)b^2}_{\text{앞쪽에 있는 직육면체}}$$

$$= \underbrace{a^3}_{\text{커다란 정육면체}} - \underbrace{b^3}_{\text{잘라낸 작은 정육면체}}$$

선생님 그래, 그렇지.

소녀 선생님, 이건 뭐죠?

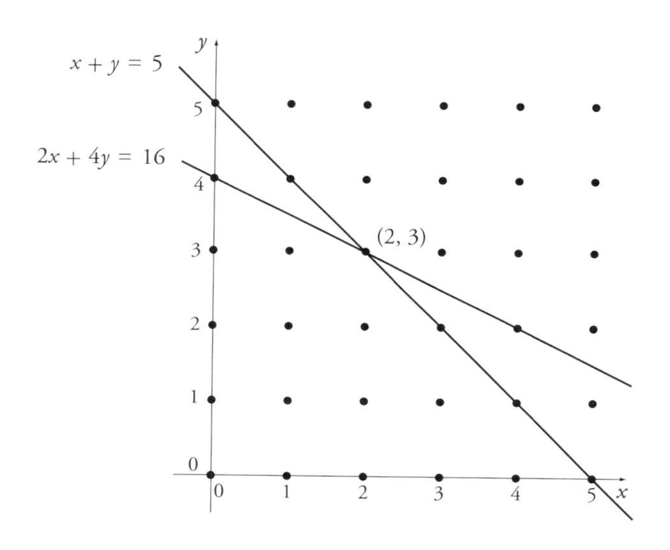

선생님 뭔 것 같아?

소녀 두 개의 그래프네요…. 그리고 검은 점이 잔뜩 있어요.

선생님 이건 학과 거북이 문제를 풀고 있는 거야.

소녀 학과 거북이 문제라고요?

선생님 학과 거북이가 모두 5마리고, 다리 수가 모두 16개일 때 학과 거북이는 몇 마리씩 있을까?

소녀 연립방정식?

$$\begin{cases} x + y = 5 \\ 2x + 4y = 16 \end{cases}$$

선생님 그렇지. 그리고 $x + y = 5$와 $2x + 4y = 16$이라는 방정식은 직선의 방정식이기도 하지.

소녀 두 직선의 교점을 구하는 건가요?

선생님 그래, 맞아. 연립방정식을 풀면 교점은 $(x, y) = (2, 3)$이야. 그리고 마지막으로 x와 y 모두 0 이상의 정수인지 확인하는 거야. 그것을 확인하는 것이 이 검은 점이야.

소녀 그렇군요.

선생님 점 (x, y)는 아무 좌표나 되는 것이 아니야. 학의 수와 거북이의 수는 모두 0 이상의 정수여야 하니까.

소녀 제한이 있네요.

선생님 그렇구나. 제약이나 룰이라고 불러도 되겠구나.

소녀 제약?

선생님 2개의 직선과 검은 점. 그 모두가 겹치는 점이 답인 거야.

소녀 선생님, 이건 뭐죠?

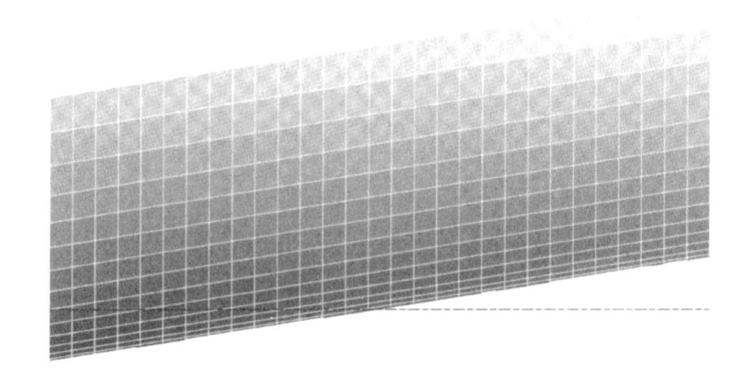

선생님 뭔 것 같아?

소녀 평행사변형?

선생님 이건 바로 옆에서 본 거야.

소녀 바로 옆에서 본 거…라니, 뭘요?

선생님 이런 입체 도형을 말이지.

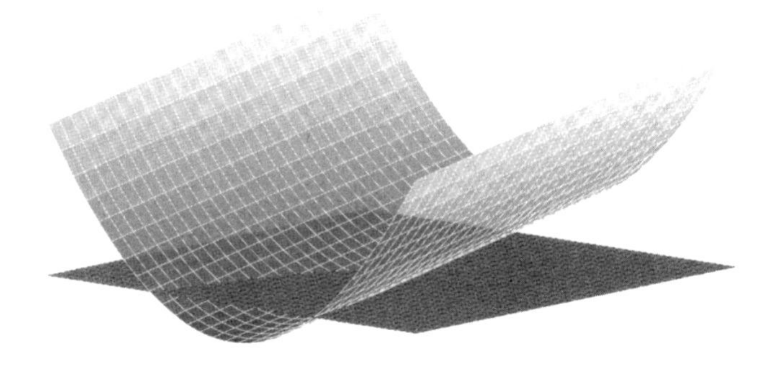

선생님 이건 포물선을 이동시켜서 만든 곡면이야. 포물선을 위로 이동시키면서 동시에 오른쪽 안쪽으로 이동시켜서 생긴 곡면이네.

소녀 종이를 구부려서 물에 적시고 있는 것 같아요.

선생님 점을 움직이면 곡선이 되지. 곡선을 움직이면 곡면이 생겨. 2차원에서의 개념을 3차원으로 확장해 본 거야.

소녀 3차원으로 확장시킨다는 건 무슨 말씀이시죠?

선생님 응, 그러니까, 2차원의 그래프라면 2개의 변수가 어떤 관계인지를 나타내지.

소녀 비례나 반비례처럼요?

선생님 그래, 그래. 그리고 3차원의 그래프라면 3개의 변수 간의 관계를 나타내.

소녀 그래도 선생님, 3차원이라니…. 그래프를 그리는 종이는 2차원이에요.

선생님 그렇지. 그래도 머릿속에서 3차원으로 떠올리는 거야.

소녀 머릿속이요?

선생님 그래. 그래프를 본 네 머릿속에서 말야.

소녀 그렇군요.

선생님 우리와 세계를 연결하는 거야. 현실의 세계와 수학의 세계. 수식의 세계와 도형의 세계. 구조를 파악해서 세계를 연결하는 거지. 날개를 펼쳐, 하늘을 날듯이.

소녀 그러고 보니 이 도형, 새 같네요.

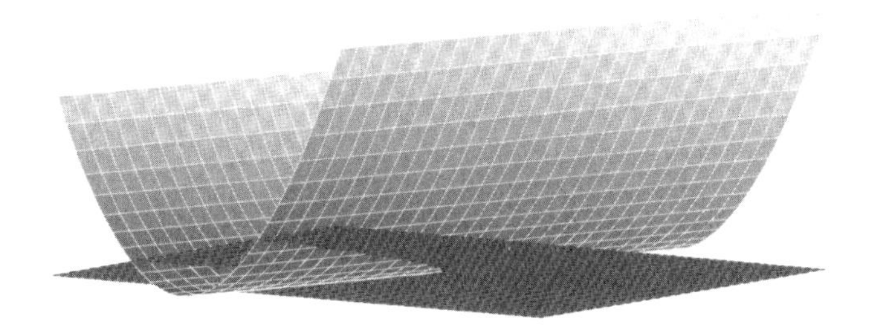

소녀는 그렇게 말하고 '후훗'하고 웃었다.

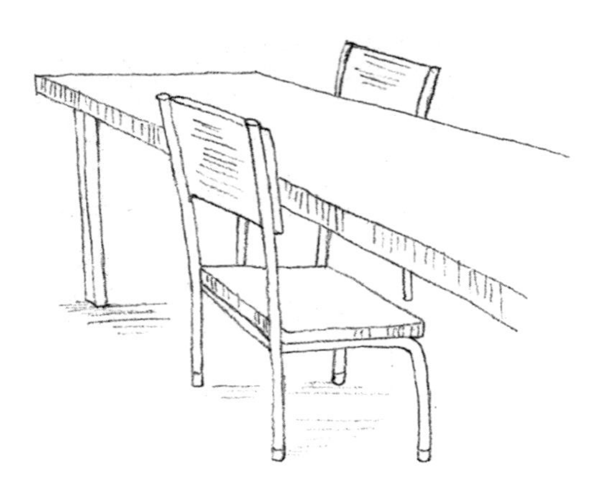

해답

제1장의 해답

●●● 문제 1-1 (식의 전개)

아래 식을 전개하시오.

$$(x + y)^2$$

〈해답 1-1〉

전개를 단계별로 아래에 제시한다.

$(x + y)^2 = (x + y)\,(x + y)$	$(x + y)^2$은 2개의 $(x + y)$를 곱한 것이다.
$= (x + y)x + (x + y)y$	한쪽의 $(x + y)$의 괄호도 풀었다.
$= xx + yx + xy + yy$	나머지 괄호도 풀었다.
$= x^2 + yx + xy + yy$	xx는 x의 제곱
$= x^2 + yx + xy + y^2$	yy는 y의 제곱
$= x^2 + xy + xy + y^2$	yx는 xy와 같다.
$= x^2 + 2xy + y^2$	2개의 xy를 더했다.

답: $x^2 + 2xy + y^2$

●●● 문제 1-2 (식의 계산)

x가 3, y가 -2일때, 아래 식을 계산하시오.

$$x^2 + 2xy + y^2$$

〈해답 1-2〉

식에 $x = 3$, $y = -2$를 그대로 대입하면 아래처럼 계산할 수 있다.

$$\begin{aligned} x^2 + 2xy + y^2 &= 3^2 + 2 \cdot 3 \cdot (-2) + (-2)^2 \\ &= 9 - 12 + 4 \\ &= 1 \end{aligned}$$

답: 1

그러나 문제 1-1에서 구한 $(x + y)^2 = x^2 + 2xy + y^2$이라는 항등식을 사용하여 대입하면, 훨씬 간단히 답을 구할 수 있다.

$x^2 + 2xy + y^2 = (x + y)^2$	항등식
$= [3 + (-2)]^2$	$x = 3$, $y = -2$를 대입
$= (3 - 2)^2$	안쪽의 괄호를 풀었다.
$= (1)^2$	$3 - 2$를 계산하여 1이 되었다.

$= 1$ $(1)^2$을 계산하여 1이 되었다.

답: 1

또한 식에 나오는 문자에 구체적인 수를 대입하여 계산한 결과를 식의 값이라 한다. $x = 3$, $y = -2$일 때, 식 $x^2 + 2xy + y^2$의 값은 1이다.

●●● 문제 1-3 (합과 차의 곱)

다음을 계산하시오.

$$202 \times 198$$

〈해답 1-3〉

직접 곱해도 되지만, 아래와 같이 '합과 차의 곱은 제곱의 차'라는 항등식을 사용하여 계산할 수도 있다.

$202 \times 198 = (200 + 2) \times (200 - 2)$

$= 200^2 - 2^2$ '합과 차의 곱은 제곱의 차'라는 항등식을 이용하여

$= 40000 - 4$

$= 39996$

답: 39996

제2장의 해답

●●● 문제 2-1 (식으로 나타내기)

학이 x마리, 거북이가 y마리 있을 때 다리의 수는 전부 몇 개인가? 식으로 나타내시오.

〈해답 2-1〉

학의 다리는 2개이므로, 학이 x마리 있을 때 학의 다리는 $2x$개이다.

또한, 거북이의 다리는 4개이므로, 거북이가 y마리 있을 때 거북이의 다리는 $4y$개이다.

따라서 다리의 수는 전부 $2x + 4y$ 개이다.

답: $2x + 4y$

●●● 문제 2-2 (식으로 나타내기)

다리의 수가 a개인 생물이 x마리, b개인 생물이 y마리 있을 때 다리의 수는 전부 몇 개인가? 식으로 나타내시오.

〈해답 2-2〉

다리의 수가 a개인 생물이 x마리 있을 때 다리는 ax개이다.

또한, 다리의 수가 b개인 생물이 y마리 있을 때 다리는 by개이다.

따라서 다리의 수는 전부 $ax + by$이다.

답: $ax + by$

●●● **문제 2-3 (연립방정식을 풀기)**

다음 연립방정식을 푸시오.

$$\begin{cases} x + y = 6 \\ 2x + 3y = 14 \end{cases}$$

〈해답 2-3〉

$$\begin{cases} x + y = 6 & \cdots ① \\ 2x + 3y = 14 & \cdots ② \end{cases}$$

② − 2x① 을 계산하면

$$y = 2 \quad \cdots ③$$

③을 ①에 대입하면

$$x + 2 = 6$$

양변에서 2를 빼면(2를 이항하면)

$$x = 6 - 2$$
$$= 4$$

<u>답: $x = 4,\ y = 2$</u>

●●● **문제 2-4 (연립방정식을 풀기)**

다음 연립방정식을 푸시오.

$$\begin{cases} x + y = 99999 \\ 2x + 4y = 375306 \end{cases}$$

〈해답 2-4〉

$$\begin{cases} x + y = 99999 & \cdots ① \\ 2x + 4y = 375306 & \cdots ② \end{cases}$$

②의 양변을 2로 나누고

$$x + 2y = 187653 \qquad \cdots ③$$

③ − ①을 계산하면

$$y = 87654 \qquad \cdots ④$$

④를 ①에 대입하면

$$x + 87654 = 99999$$

양변에서 87654를 빼면(87654를 이항하면)

$$x = 99999 - 87654$$

$$= 12345$$

답: $x = 12345$, $y = 87654$

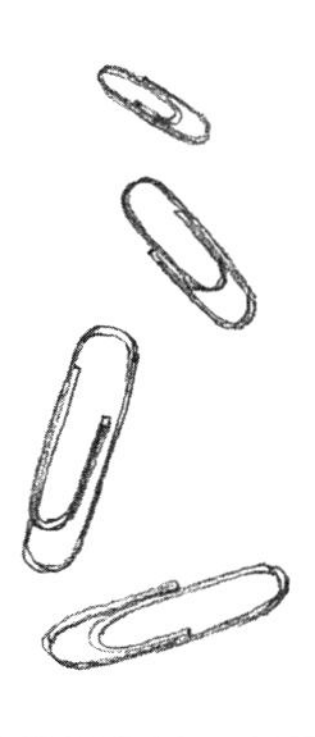

제3장의 해답

••• 문제 3-1 (다항식으로 나타내는 방법)

다음 식을 65쪽의 '다항식으로 나타내는 방법'으로 정리하시오.

$$1 + 2x + 3x^3 - 4x + 5x^2 + 6$$

〈해답 3-1〉

$1 + 2x + 3x^3 - 4x + 5x^2 + 6$

$= 1 - 2x + 3x^3 + 5x^2 + 6$ 동류항 $2x$와 $-4x$를 정리했다.

$= 7 - 2x + 3x^3 + 5x^2$ 동류항 1과 6을 정리했다.

$= 3x^3 + 5x^2 - 2x + 7$ 내림차순으로 정리했다.

답: $3x^3 + 5x^2 - 2x + 7$

문제 3-2 (다항식으로 나타내는 방법)

다음 식을 65쪽의 '다항식으로 나타내는 방법'으로 정리하시오.

$$1x^3 + 3x^1 - 5x^2 - 4x + 2x^2 + 2x^2$$

단, 아래의 사항에 주의하시오.

- 계수에 1은 쓰지 않는다.
  (예를 들어 $1x^3$은 x^3이라고 쓴다.)
- 지수에 1은 쓰지 않는다.
  (예를 들어 $3x^1$은 $3x$라고 쓴다.)

〈해답 3-2〉

$1x^3 + 3x^1 - 5x^2 - 4x + 2x^2 + 2x^2$

(계수에 1은 쓰지 않는다.)

$= x^3 + 3x^1 - 5x^2 - 4x + 2x^2 + 2x^2$

(지수에 1은 쓰지 않는다.)

$= x^3 + 3x - 5x^2 - 4x + 2x^2 + 2x^2$

(동류항 $3x$와 $-4x$를 정리한다.)

$= x^3 - x - 5x^2 + 2x^2 + 2x^2$

(동류항 $-5x^2$과 $2x^2$과 $2x^2$을 정리한다.)

$= x^3 - x - x^2$

(내림차순으로 정리한다.)

$= x^3 - x^2 - x$

답: $x^3 - x^2 - x$

●●● 문제 3-3 (다항식의 차수)

x에 관한 아래의 다항식은 몇 차식인가?

$$x^3 + x^2 - x^3 + x - 1$$

〈해답 3-3〉

'다항식으로 나타내는 방법'으로 정리한다.

$x^3 + x^2 - x^3 + x - 1$

$= x^2 + x - 1$ 동류항 x^3과 $-x^3$을 정리하여 0이 되었다.

$x^2 + x - 1$의 3개의 항 $(x^2,\ x,\ -1)$ 중에서 가장 차수가 높은 항인 x^2이 2차항이므로, 문제에서 주어진 다항식은 2차식이다.

답: 2차식

문제 3-4 (1차 함수의 그래프)

다음 1차 함수의 그래프를 그리시오.

$$y = 2x - 4$$

〈해답 3-4〉

$y = 2x - 4$에 $y = 0$을 대입하면 $0 = 2x - 4$이므로, $x = 2$가 된다. 따라서 이 그래프와 x축의 교점은 $(x, y) = (2, 0)$이다.

$y = 2x - 4$에 $x = 0$을 대입하면 $y = -4$가 되므로, 이 그래프와 y축의 교점은 $(x, y) = (0, -4)$이다.

x축, y축과의 교점을 표시한 뒤 그래프를 그리면 아래와 같다.

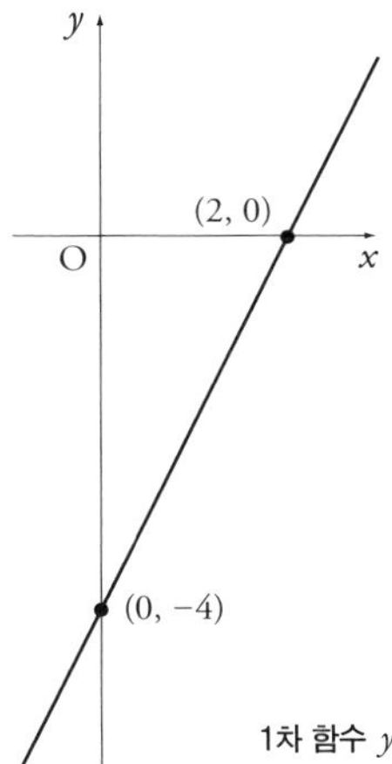

1차 함수 $y = 2x - 4$의 그래프

●●● 문제 3-5 (2차 함수의 그래프)

다음 2차 함수의 그래프를 그리시오.

$$y = -x^2 + 1$$

〈해답 3-5〉

$y = -x^2 + 1$에 $y = 0$을 대입하면 $0 = -x^2 + 1$, 즉 $x^2 - 1 = 0$이 된다. 좌변을 인수분해하면 $(x + 1)(x - 1) = 0$이므로, $x = 1$ 또는 $x = -1$이다. 따라서, 이 그래프와 x축과의 교점의 x좌표는 1 또는 -1이 된다.

또한, $y = -x^2 + 1$에 $x = 0$을 대입하면 $y = -0^2 + 1 = 1$, 즉 $y = 1$이다. 따라서 이 그래프와 y축의 교점의 y좌표는 1이 된다.

이 그래프와 x축, y축과의 교점의 좌표를 표시하여 그래프를 그리면 다음과 같이 위로 볼록인 포물선이 된다.

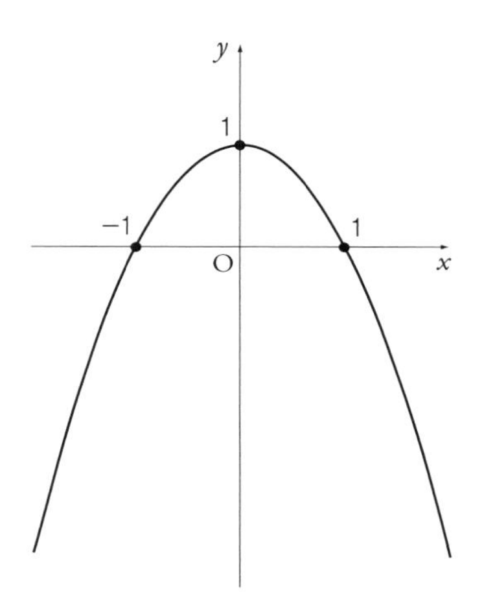

2차 함수 $y = -x^2 + 1$의 그래프 (해답)

참고로 2차 함수 $y = -x^2 + 1$의 그래프와 $y = x^2 - 1$의 그래프는 x축을 대칭축으로 하는 선대칭 관계에 있다.

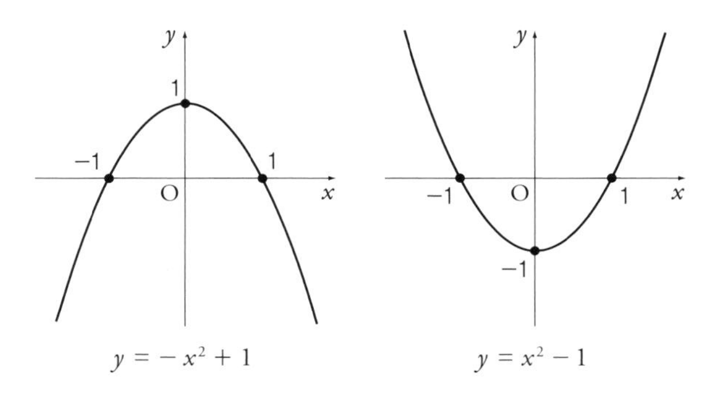

$y = -x^2 + 1$　　　　$y = x^2 - 1$

$-x^2+1$과 x^2-1은 '−1을 곱하면 다른 한 쪽의 그래프가 되는' 관계에 있다.

$$\boxed{-x^2+1} \underset{\longleftarrow}{\xrightarrow{-1\text{을 곱한다}}} \boxed{x^2-1}$$

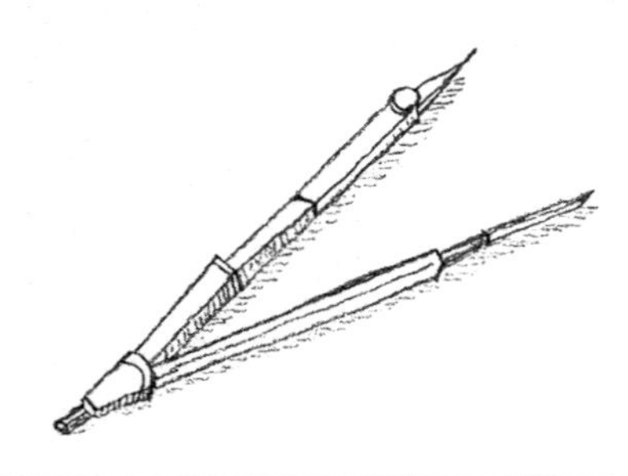

제4장의 해답

●●● 문제 4-1 (정사각형의 넓이)

정사각형의 넓이는 한 변의 길이에 비례하는가?

〈해답 4-1〉

아니다. 정사각형의 넓이는 한 변의 길이에 비례하지 않는다.

이유: 정사각형의 한 변의 길이가 2배가 되면 면적은 2배가 아닌 4배로 커진다. 따라서 정사각형의 넓이는 한 변의 길이에 비례하지 않는다.

식으로 나타내면, 정사각형의 넓이를 y, 정사각형의 한 변의 길이를 x라고 했을 때, x와 y 사이에는 $y = x^2$이라는 관계가 성립한다. 이것은 비례식 $y = ax$와는 다르다.

●●● 문제 4-2 (비례를 나타내는 식)

(1)~(4) 중에서 y가 x에 비례하는 것을 모두 고르시오.

(1) $y = 3x$

(2) $y = 3x + 1$

(3) $3y = x$

(4) $y - 3x = 0$

〈해답 4-2〉

y가 x에 비례하는 것은 (1), (3), (4)이다.

여기에서는 $y = ax$로 정리할 수 있는지 알아본다.

(1) $y = 3x$는 그대로 $y = ax$의 형태이다.

(2) $y = ax$로 나타낼 수 없다.

(3) $3y = x$의 양변을 3으로 나누면 $y = \frac{1}{3}x$가 된다.

(4) $y - 3x = 0$의 $-3x$를 우변으로 이항하면 $y = 3x$가 된다.

••• 문제 4-3 (x와 y의 교환)

'y가 x에 비례한다'면 'x는 y에 비례한다'고 할 수 있는가?

〈해답 4-3〉

그렇다. 'y가 x에 비례한다'면 'x는 y에 비례한다'고 할 수 있다.

이유: y가 x에 비례한다면, 0이 아닌 정수 a를 사용하여

$y = ax$라고 나타낼 수 있다. $y = ax$의 양변을 a로 나누면 $x = \frac{1}{a} \times y$로 나타낼 수 있다. 이때 $\frac{1}{a}$을 a'로 나타내기로 하면 $x = a' \times y$로 나타낼 수 있다. 이것은 x가 y에 비례한다는 것을 보여준다. 예를 들면 $y = 2x$일 때 $x = \frac{1}{2} \times y$가 된다.

●●● 문제 4-4 (합이 일정)

'나'와 유리의 대화에는 $y \div x = a$(일정)와 $y \times x = a$(일정)라는 2가지 식이 등장했다. 그럼, x와 y사이에

$$y + x = a \quad \text{(일정)}$$

라는 관계가 있다면 어떤 그래프가 되는가?

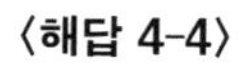
〈해답 4-4〉

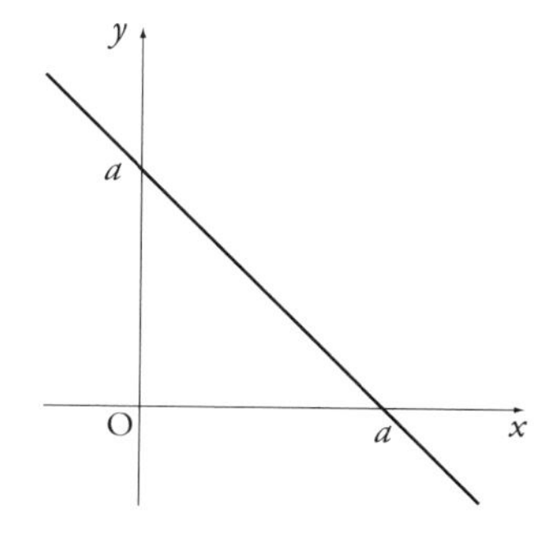

$y + x = a$의 그래프

참고로 $a = 5$일 때의 그래프가 203쪽에 있다.

••• 문제 4-5 (원점을 지나는 직선)

'비례할 때의 그래프는 항상 '원점을 지나는 직선'이 되고, 그래프가 '원점을 지나는 직선'이면 반드시 비례한다'(125쪽)는 문장에는 2개의 주장이 포함되어 있다.

(1) 비례할 때의 그래프는 항상
'원점을 지나는 직선'이 된다.

(2) 그래프가 '원점을 지나는 직선'이 되면
반드시 비례한다.

(1)은 참이지만, (2)는 엄밀히 말해서 참이 아니다. 왜일까?

〈해답 4-5〉

그래프가 '원점을 지나는 직선'이어도 반드시 비례한다고는 할 수 없기 때문이다. x축(직선 $y = 0$)과 y축(직선 $x = 0$)은 모두 원점을 지나는 직선이지만, 둘 다 y가 x에 비례하는 것을 나타내는 그래프는 아니다.

제 5장의 해답

●●● 문제 5-1 (y축의 방정식)

'나'와 테트라의 대화에서는 x축을 나타내는 직선의 방정식이 나왔다. 그렇다면 y축을 나타내는 직선은 어떤 방정식일까?

〈해답 5-1〉

y축을 나타내는 직선은 $x = 0$이라는 방정식으로 나타낼 수 있다.

답: $x = 0$

●●● 문제 5-2 (y축과의 교점)

포물선 $y = x^2 - 2x + 1$과 y축과의 교점의 좌표를 구하시오.

〈해답 5-2〉

다음 연립방정식을 푼다.

$$\begin{cases} y = x^2 - 2x + 1 & \cdots ① \text{ 포물선의 방정식} \\ x = 0 & \cdots ② \text{ } y\text{축의 방정식} \end{cases}$$

②를 ①에 대입하면

$$\begin{aligned} y &= 0^2 - 2 \cdot 0 + 1 \\ &= 1 \end{aligned}$$

따라서 구하려는 교점은 $(x, y) = (0, 1)$이다.

<u>답: $(x, y) = (0, 1)$</u>

●●● 문제 5-3 (포물선과 직선의 교점)

포물선 $y = x^2$과 직선 $y = x$의 교점의 좌표를 구하시오.

〈해답 5-3〉

다음 연립방정식을 푼다.

$$\begin{cases} y = x^2 & \cdots ① \text{ 포물선의 방정식} \\ y = x & \cdots ② \text{ 직선의 방정식} \end{cases}$$

①의 y에 ②의 $y = x$를 대입하면

$x = x^2$

$0 = x^2 - 2x$ x를 우변으로 이항했다.

$x^2 - x = 0$ 좌변과 우변의 위치를 바꿨다.

$x(x-1) = 0$ x로 묶었다(인수분해했다).

따라서 $x = 0$ 또는 $x = 1$이다.

②를 이용하면 $x = 0$일 때 $y = 0$이다.

다시 ②를 이용하여 계산하면 $x = 1$일 때 $y = 1$이다.

따라서 구하려는 교점은 $(x, y) = (0, 0), (1, 1)$이다.

답: $(x, y) = (0, 0), (1, 1)$

참고로 232쪽 그래프로 교점을 확인할 수 있다.

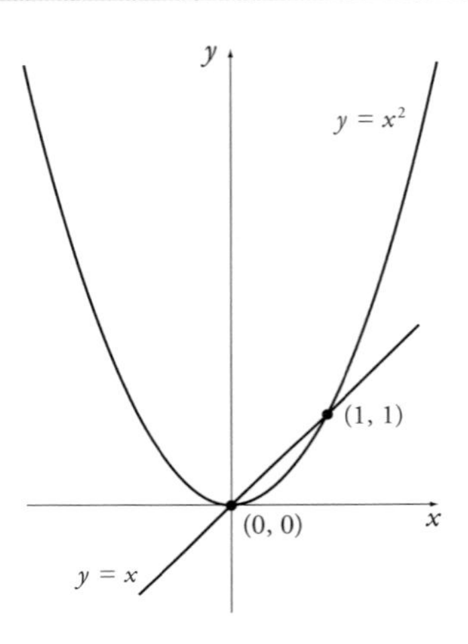

포물선 $y = x^2$과 직선 $y = x$의 교점

좀 더 생각해 보길 원하는 당신을 위해

이 책에 실린 수학 토크보다 한 걸음 더 나아가 '좀 더 생각해 보길 원하는' 당신을 위해 다른 종류의 문제를 싣는다. 그에 대한 해답은 이 책에는 실려 있지 않고, 각 문제의 정답이 하나뿐이라는 제한도 없다.

당신 혼자 힘으로, 또는 이런 문제를 함께 토론할 수 있는 사람들과 함께 곰곰이 생각해 보기를 바란다.

제1장 문자와 항등식

●●● 연구문제 1-X1 (항등식과 그림)

a와 b에 관한 항등식

$$(a + b)^2 = a^2 + 2ab + b^2$$

을 29쪽에 있는 예처럼 도형으로 나타내 보자.

●●● 연구문제 1-X2 (식의 전개)

$(a + b)^2$을 전개한 결과와 $(a + b)^3$을 전개한 결과를 비교해 보자. 더 나아가, $(a + b)^4$을 전개한 결과와도 비교해 보자. 이를 통해 알 수 있는 점은 무엇인가?

●●● 연구문제 1-X3 (곱과 차)

23쪽에 102×98을 계산하는 것보다 $10000 - 4$를 계산하는 것이 간단하다는 이야기가 나왔다. 그렇다면, 그 이유는 무엇일까? 곱셈보다 뺄셈이 항상 간단하다고 할 수 있을까? '간단한 계산'이란 무엇을 말하는 것일까?

●●● 연구문제 1 – X4 (부등호)

30쪽에서 미르카가 '$a \geqq b$도 가정하고 있다'고 한 것은 왜 일까? 또한, $a = b$일 때 도형은 어떻게 되는가?

제2장 연립방정식의 어필

●●● 연구문제 2 – X1 (연립방정식)

다음 연립방정식에 대해 연구해 보라.

$$\begin{cases} x + y & = 5 \\ 2x + 2y & = 10 \end{cases}$$

●●● 연구문제 2 – X2 (연립방정식)

다음 연립방정식에 대해 연구해 보라.

$$\begin{cases} x + y & = 5 \\ 2x + 2y & = 9 \end{cases}$$

●●● 연구문제 2 - X3 (연립방정식)

x와 y에 관한 다음 연립방정식에 대해 연구해 보라.

$$\begin{cases} ax + by = u \\ cx + dy = v \end{cases}$$

제3장 수식의 실루엣

●●● 연구문제 3 - X1 (다항식으로 나타내는 방법)

'다항식으로 나타내는 방법'의 목적에 대해 미르카는 '다항식의 동일성의 확인'과 '다항식의 차수의 확인'이라는 점을 이야기했다.(82쪽) 당신은 '다항식으로 나타내는 방법'의 목적에 대해 어떻게 생각하는가?

●●● 연구문제 3 - X2 (내림차순)

'다항식으로 나타내는 방법'(76쪽)에서는 내림차순으로 항을 정리했다. 이와는 반대로 오름차순(차수가 낮은 순서)으로 항을 정리하는 편이 나은 경우도 있을까?

연구문제 3-X3 (그래프 그리기)

$y = (x + 1)^2 - 1$의 그래프를 그려보자. 그 그래프를 $y = (x - 1)^2 - 1$의 그래프와 비교해 보자. 또한, $y = (x - 100)^2 - 1$의 그래프는 어떻게 될지 생각해 보자.

연구문제 3-X4 (그래프 그리기)

$x = y^2 - 1$의 그래프를 그려 보자. 그 그래프를 $y = x^2 - 1$의 그래프와 비교해 보자.

연구문제 3-X5 (그래프 그리기)

$y = x^{100}$의 그래프를 그릴 수 있을까? 어떤 형태가 될지 생각해 보자. 또한 $y = x^{99}$는 어떨까?

제4장 순수한 반비례

••• 연구문제 4-X1 (그래프에서 읽어내기)

주위에서 꺾은선 그래프를 찾아보자. 그 그래프의 형태로부터 무엇을 읽어낼 수 있는가?

••• 연구문제 4-X2 (그래프의 합)

$y = x + \frac{1}{x}$의 그래프를 그려보자.

••• 연구문제 4-X3 (특수한 가로축)

$y = x^2$의 그래프를 그려보자. 단, 가로축을 x가 아닌 x^2으로 하시오.

••• 연구문제 4-X4 (특수한 가로축)

$y = \frac{1}{x}$의 그래프를 그려보자. 단, 가로축을 x가 아닌 $\frac{1}{x}$로 하시오.

●●● **연구문제 4 - X5 (쌍곡선)**

왜 $y = \frac{1}{x}$의 그래프는 '쌍곡선'이란 이름이 붙었을까?

제5장 교차하는 점, 접하는 점

●●● **연구문제 5 - X1 (포물선의 교점)**

두 개의 포물선 $y = -x^2 + 1$과 $y = x^2 - 1$의 교점을 구하시오.

●●● **연구문제 5 - X2 ($y = 0$의 의미)**

2차원의 좌표평면에서 방정식 $y = 0$은 x축을 나타내는 직선이 된다. 그렇다면 3차원의 좌표평면에서는 방정식 $y = 0$은 어떤 도형이 될까?

●●● 연구문제 5-X3 (접점)

왼쪽 2개의 그래프는 x축과 접하고 있지만, 오른쪽 2개의 그래프는 x와 접하고 있지 않다. 이 둘의 차이는 무엇일까?

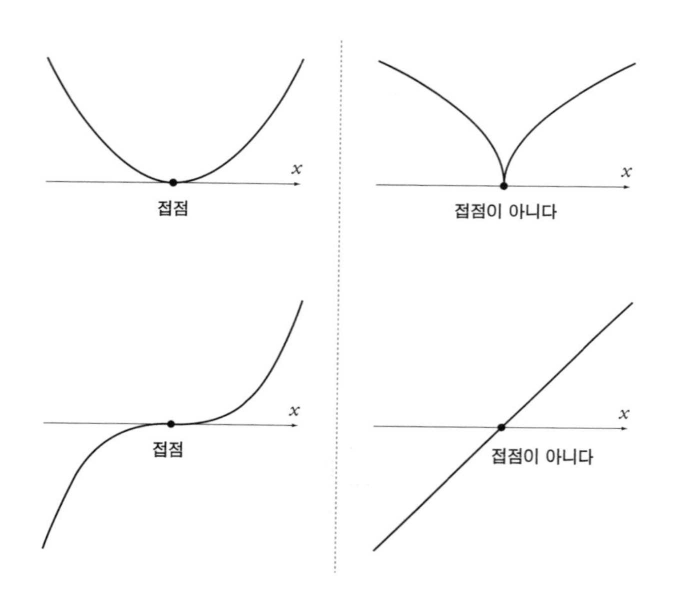

사람은 실제 도전하는 과정에서 배워나가지만,
도전해야겠다는 생각만으로는 배울 수 있는 것이 없다.
— 알랭

알파벳(라틴문자) 읽기

소문자	대문자	발음 예시
a	A	에이
b	B	비
c	C	씨
d	D	디
e	E	이
f	F	에프
g	G	지
h	H	에이치
i	I	아이
j	J	제이
k	K	케이
l	L	엘
m	M	엠
n	N	엔
o	O	오
p	P	피
q	Q	큐
r	R	알
s	S	에스
t	T	티
u	U	유
v	V	브이
w	W	더블유
x	X	엑스
y	Y	와이
z	Z	제트

그리스문자 읽기

소문자	대문자	발음 예시
α	Α	알파
β	Β	베타
γ	Γ	감마
δ	Δ	델타
ε	Ε	엡실론
ζ	Ζ	제타
η	Η	에타
θ	Θ	세타
ι	Ι	이오타, 요타
ϰ	Κ	카파
λ	Λ	람다
μ	Μ	뮤
ν	Ν	뉴
ξ	Ξ	크시, 크사이
ο	Ο	오미크론
π, φ	Π	피, 파이
ϱ	Ρ	로
σ, ς	Σ	시그마
τ	Τ	타우
υ	Υ	입실론, 웁실론
φ	Φ	퐈이
χ	Χ	카이
ψ	Ψ	프사이/프시
ω	Ω	오메가

맺음말

안녕하세요, 유키 히로시입니다.

'수학 소녀의 비밀노트 – 잡아라 식과 그래프'를 읽어 주셔서 감사합니다. 이 책은 중학생인 유리, 고등학생인 테트라, 미르카, 그리고 '나'. 이렇게 네 명의 등장인물이 수학 토크를 펼치는 이야기입니다. 재미있게 읽으셨나요?

이 책이 태어나게 된 경위에 대해 간단히 이야기해 보죠.

저는 2008년부터 수학 청춘 스토리 '수학 소녀'라는 시리즈를 출판하고 있습니다. 이 시리즈는 수학을 폭넓게 다루고 있기 때문에 어려운 이야기를 꺼리는 독자도 많았습니다.

그래서 2012년부터 케이크스(cakes)라는 웹사이트에 '수학 소녀의 비밀노트'라는 인터넷 연재물을 올리기 시작했습니다. 이것은 '수학 소녀' 시리즈의 등장인물이 수학 토크를 벌이는 글로, 수학적인 내용은 쉬운 수준에 맞춰져 있습니다. 이 책은 이 연재물의 제1회부터 제10회까지의 내용을 재편집한 것입니다.

현재 이 연재물은 계속 진행되고 있으니, 이 책을 읽고 '수학 소녀의 비밀노트'에 흥미가 있는 분은 꼭 연재물도 읽어 봐 주세요. 그리고 이미 출판된 다른 '수학 소녀' 시리즈에도 관심을 가져 주세요.

'수학 소녀'와 '수학 소녀의 비밀노트', 이 두 시리즈 모두 응원해 주시기를 바랍니다.

집필 도중에 원고를 읽고 귀중한 조언을 주신 아래의 분들과 그 외 익명의 분들께 감사드립니다. 만약 이 책의 내용 중에 오류가 있다면 당연히 모두 저의 실수이며, 아래 분들에게는 책임이 없습니다.

아카사와 료, 아사미 유타, 이가라시 다츠야, 이시우 데츠야, 이시모토 류타, 이나바 가즈히로, 우에하라 류헤이, 가와카미 다이키, 가와카미 미도리, 기무라 이와오, 쿠도 아츠시, 게즈카 가즈히로, 우에타키 가요, 사카구치 아키코, 오리마츠 나오키, 하나다 다카아키, 하야시 아야, 본텐 유토리, 마에하라 마사히데, 마스다 나미, 미야케 기요시, 무라이 겐, 무라오카 유스케, 무라타 겐타, 야노 츠토무, 야마구치 다케시.

'수학 소녀' 시리즈의 편집을 계속 맡아 주고 계신 소프트뱅크 크리에이티브의 노자와 요시오 편집장님께 감사드립니다. '수학 소녀의 비밀노트' 시리즈도 잘 부탁드립니다.

케이크스의 가토 사다아키 씨께 감사드립니다.

집필을 응원해 주시는 여러분께도 감사드립니다.

세상에서 누구보다 사랑하는 아내와 두 아들에게도 감사 인사를

전합니다.

이 책을 끝까지 읽어주셔서 감사합니다.

그럼 다음 '수학 소녀의 비밀노트' 시리즈에서 뵙겠습니다!

유키 히로시

www.hyuki.com/girl

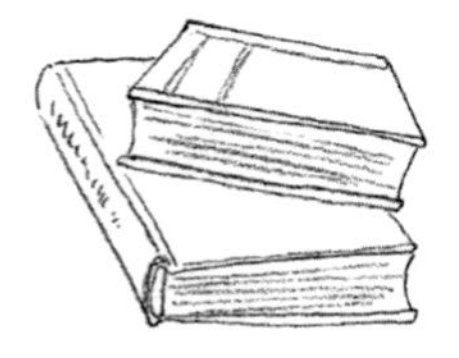